高职高专机电类规划教材

电机维修技术实训指导

——（第三版）——

杨柳春 杜 俊 主 编
廖春苑 孔 峰 副主编

化学工业出版社

·北京·

本书包括技能实训和技能拓展两个部分。技能实训部分主要包括常用三相异步电机、单相异步电机、单相变压器和直流电机的维修技术以及异步电机的故障诊断、电机振动测量、电机的选择，重点讲述三相异步电机和单相异步电机的重绕修理过程，单相小型变压器的设计和绕制，三相异步电机的改型修理计算和故障诊断。技能拓展部分主要讲述异步电机旋转原理，旋转磁场的形成，轴承润滑脂的选择，三相异步电机的启动分析、调速分析以及制动方法，伺服电机、步进电机、测速发电机、自整角机、旋转变压器等的应用分析。

本书可作为高职高专电气类、机电类、自动控制类及其他相关专业的实训教材，也可作为企业培训教材。

图书在版编目（CIP）数据

电机维修技术实训指导/杨柳春，杜俊主编. —3版. —北京：化学工业出版社，2016.12（2024.8重印）
高职高专机电类规划教材
ISBN 978-7-122-28394-8

Ⅰ.①电… Ⅱ.①杨…②杜… Ⅲ.①电机-维修-高等职业教育-教材 Ⅳ.①TM307

中国版本图书馆CIP数据核字（2016）第259784号

责任编辑：潘新文
责任校对：王 静　　　　　　　　　　装帧设计：韩 飞

出版发行：化学工业出版社（北京市东城区青年湖南街13号　邮政编码100011）
印　　装：北京科印技术咨询服务有限公司数码印刷分部
787mm×1092mm　1/16　印张11½　字数277千字　2024年8月北京第3版第5次印刷

购书咨询：010-64518888　　　　　　　售后服务：010-64518899
网　　址：http://www.cip.com.cn
凡购买本书，如有缺损质量问题，本社销售中心负责调换。

定　价：46.00元　　　　　　　　　　　　　　　　　　版权所有　违者必究

前　言

本书第二版自出版以来,得到了广大教师和企业技术人员的广泛好评。目前我国的高等职业教育教学改革取得长足进步,职业教育"以就业为导向"教学理念日趋成熟,而如何在每门课程、每个实训的教学任务中能真正贯彻面向实践的教学理念,使职业院校的学生毕业走出校门即能顺利踏上相关技能岗位,是广大教师目前积极探索研究的热点问题。基于此,为了使本书能更好地为职业院校广大教师和读者服务,我们广泛吸取了近几年从教学一线收集到的宝贵意见和建议,结合当前职业教育教学理念,对原教材进行了修订。在第三版修订中,增加了技能拓展部分,剔除了实验部分,保留了技能实训部分,以突出面向就业的岗位技能要求。电机维修技术作为电机维护维修岗位的一种核心技术能力,是相关专业学生必须熟练掌握的,这种应用实践性非常强的维修技能包括给电机换轴承、接线,更新替换电机,改造电机等,为了使学生更进一步扎实掌握与技能点紧密相关的知识点,书中在技能拓展部分增加了微型控制电机维修中所必需的知识点讲解,通过对一些知识点的必要补充阐述,使学生能够做到"知其然,并知其所以然",方便学生将来继续深造。

本书作为实训教材,将就业岗位中必需的电机维修技术技能点作为实训内容,按照维修电机的工序来划分教学任务,根据维修电机时"做哪些、如何做"来确定具体实训步骤,将电机维修技术中必需的应知应会内容转化为实训课程内容,从而达到做中学、学中做的教学效果。

本书分为两个部分:技能实训部分和技能拓展部分。学时数上限为 90 学时,下限为 60 学时,各院校可根据自身专业特点和教学要求来确定具体学时数,教学形式可自主安排,最好采用集中两三周实训形式。

本书由杨柳春、杜俊主编,廖春苑、孔峰任副主编,张海燕、王晓奇等参加了编写。

本书可作为高职高专电气类、机电类、控制类及其他相近专业的实训教材,也可作为企业培训教材,或相关人员的自学读物。

由于笔者水平有限,加上电机技术不断发展,内容不断更新,教材中难免有疏漏和不妥之处,恳请读者予以指正或提出修改意见,以便我们继续完善。

编　者
2016 年 3 月

目 录

第一部分 技能实训 1
说明 1
一、实施要点 1
二、实训安排 1
实训一 异步电机的拆装与检修 2
一、三相异步电机的拆装 2
二、异步电机的检修 10
三、实训要求 12
四、实训记录 13
五、实训考核 14
实训二 三相异步电机绕组结构 14
一、有关术语和基本参数 14
二、三相绕组的排列方法 17
三、三相绕组的端部连接方式 18
四、实训要求 22
五、实训记录 22
六、实训考核 22
实训三 电机嵌线专用工具和材料的认识 23
一、电机嵌线专用工具 23
二、电机嵌线专用材料 25
三、实训要求 29
四、实训记录 30
五、实训考核 30
实训四 异步电机绕组重绕预备工序 30
一、绕组原始数据的记录 30
二、绕组的拆除与清理 33
三、线圈的绕制和绝缘件的裁剪 34
四、实训要求 36
五、实训记录 37
六、实训考核 37
实训五 异步电机绕组的嵌线工艺 37
一、嵌线操作的专用术语 37
二、嵌线方法 38
三、嵌线规律 37
四、实训要求 42
五、实训记录 43
六、实训考核 45

实训六　异步电机绕组的接线、整形与绑扎 …………………………………………… 45
　　一、绕组的接线 ……………………………………………………………………… 45
　　二、绕组的整形与绑扎 ……………………………………………………………… 49
　　三、"多用电机绕组接线练习板"的使用介绍 …………………………………… 50
　　四、实训要求 ………………………………………………………………………… 51
　　五、实训记录 ………………………………………………………………………… 52
　　六、实训考核 ………………………………………………………………………… 52
实训七　异步电机绕组的初测、浸漆与烘干 …………………………………………… 53
　　一、绕组的初测 ……………………………………………………………………… 53
　　二、绕组的浸漆 ……………………………………………………………………… 55
　　三、绕组的烘干 ……………………………………………………………………… 57
　　四、实训要求 ………………………………………………………………………… 58
　　五、实训记录 ………………………………………………………………………… 58
　　六、实训考核 ………………………………………………………………………… 59
实训八　三相异步电机改型修理计算 …………………………………………………… 60
　　一、空壳电机计算 …………………………………………………………………… 60
　　二、改变极数计算 …………………………………………………………………… 65
　　三、改变线圈并绕根数的计算 ……………………………………………………… 67
　　四、改变绕组并联支路数的计算 …………………………………………………… 68
　　五、改变绕组接线方式的计算 ……………………………………………………… 69
　　六、实训要求 ………………………………………………………………………… 70
　　七、实训记录 ………………………………………………………………………… 70
　　八、实训考核 ………………………………………………………………………… 70
实训九　单相异步电机的修理 …………………………………………………………… 71
　　一、单相异步电机的结构特点 ……………………………………………………… 71
　　二、单相异步电机绕组的结构形式和排列方法 …………………………………… 73
　　三、单相异步电机的典型附件 ……………………………………………………… 75
　　四、单相异步电机常见故障分析 …………………………………………………… 78
　　五、实训要求 ………………………………………………………………………… 78
　　六、实训记录 ………………………………………………………………………… 79
　　七、实训考核 ………………………………………………………………………… 80
实训十　直流电机的拆装与检修 ………………………………………………………… 80
　　一、直流电机的拆装 ………………………………………………………………… 80
　　二、直流电机的检修 ………………………………………………………………… 81
　　三、常见故障分析与处理 …………………………………………………………… 85
　　四、实训要求 ………………………………………………………………………… 86
　　五、实训记录 ………………………………………………………………………… 86
　　六、实训考核 ………………………………………………………………………… 87
实训十一　小型单相变压器的绕制 ……………………………………………………… 87
　　一、小型单相变压器的设计制作 …………………………………………………… 87
　　二、小型单相变压器的重绕修理 …………………………………………………… 97
　　三、实训要求 ………………………………………………………………………… 98
　　四、实训记录 ………………………………………………………………………… 98
　　五、实训考核 ………………………………………………………………………… 99

实训十二　异步电机的故障诊断 ………………………………………………………… 100
　一、电机故障诊断要点 …………………………………………………………… 100
　二、电机故障诊断方法 …………………………………………………………… 102
　三、电机故障原因分析 …………………………………………………………… 103
　四、实训要求 ……………………………………………………………………… 105
　五、实训考核 ……………………………………………………………………… 105
实训十三　电机振动的测量与诊断 ……………………………………………………… 106
　一、电机振动异常的原因 ………………………………………………………… 106
　二、电机振动测量诊断 …………………………………………………………… 110
　三、电机振动的测量与诊断实例 ………………………………………………… 112
　四、实训要求 ……………………………………………………………………… 114
　五、实训考核 ……………………………………………………………………… 114
实训十四　电机的选择 …………………………………………………………………… 115
　一、电机选择应注意的因素 ……………………………………………………… 115
　二、选择电机时电气校核要点 …………………………………………………… 116
　三、实训要求 ……………………………………………………………………… 117
　四、实训考核 ……………………………………………………………………… 117

第二部分　技能拓展 …………………………………………………………………… 118
第一节　异步电机旋转原理的分析 …………………………………………………… 118
　一、电磁力产生原理 ……………………………………………………………… 118
　二、电机旋转原理 ………………………………………………………………… 118
第二节　异步电机旋转磁场的形成 …………………………………………………… 119
　一、三相交流电形成的旋转磁场 ………………………………………………… 119
　二、单相交流电形成的旋转磁场 ………………………………………………… 120
第三节　电机轴承的选择和使用注意事项 …………………………………………… 120
　一、电机轴承的选择 ……………………………………………………………… 120
　二、轴承使用注意事项 …………………………………………………………… 121
第四节　轴承润滑脂的分析与选择 …………………………………………………… 122
　一、轴承润滑脂性能要求 ………………………………………………………… 122
　二、轴承润滑脂的识别 …………………………………………………………… 122
　三、轴承润滑脂选择原则 ………………………………………………………… 123
　四、轴承润滑脂流失原因及防治 ………………………………………………… 124
　五、使用润滑脂的注意事项 ……………………………………………………… 125
　六、综述 …………………………………………………………………………… 125
第五节　三相异步电机的等效电路和特性计算 ……………………………………… 125
　一、同步速度与转差率 …………………………………………………………… 125
　二、异步电机原理模型 …………………………………………………………… 126
　三、等效电路 ……………………………………………………………………… 126
　四、功率和电磁转矩 ……………………………………………………………… 126
　五、工作特性及机械特性 ………………………………………………………… 127
第六节　三相异步电机的启动 ………………………………………………………… 128
　一、鼠笼式转子异步电机的启动 ………………………………………………… 128
　二、绕线式转子异步电机的启动 ………………………………………………… 128
第七节　三相异步电机的调速分析 …………………………………………………… 131

一、变极调速 ······ 131
　　二、变频调速 ······ 132
　　三、变转差率调速 ······ 134
　第八节　异步电机的制动 ······ 135
　　一、异步电机的制动方法 ······ 135
　　二、异步电机的制动参数 ······ 135
　　三、电气制动 ······ 136
　　四、机械制动 ······ 138
　　五、电磁滑差离合器、磁滞离合器制动 ······ 138
　第九节　电机的选择 ······ 139
　　一、选择电机应核对的项目 ······ 139
　　二、选择电机应掌握的极限值 ······ 139
　　三、选择电机时电气校核要点 ······ 140
　第十节　常见外部因素对异步电机的影响 ······ 140
　　一、电压、频率的变化对异步电机的影响 ······ 140
　　二、三相不平衡电压对异步电机的影响 ······ 141
　　三、频繁启动对异步电机的影响 ······ 142
　　四、周围环境对异步电机的影响 ······ 142
　　五、爆炸性气体、腐蚀性气体对异步电机的影响 ······ 143
　　六、定转子间的气隙不均匀对异步电机的影响 ······ 143
　第十一节　伺服电机的应用分析 ······ 143
　　一、直流伺服电机 ······ 143
　　二、交流伺服电机 ······ 145
　第十二节　步进电机的应用分析 ······ 149
　　一、步进电机工作原理 ······ 149
　　二、步进电机运行精度 ······ 151
　　三、步进电机运行特性 ······ 152
　　四、驱动电源 ······ 155
　　五、步进电机的应用 ······ 155
　第十三节　测速发电机的应用分析 ······ 155
　　一、直流测速发电机 ······ 156
　　二、交流测速发电机 ······ 157
　第十四节　自整角机的应用分析 ······ 159
　　一、自整角机的基本结构 ······ 159
　　二、控制式自整角机 ······ 160
　　三、力矩式自整角机 ······ 163
　　四、自整角机的应用 ······ 165
　第十五节　旋转变压器 ······ 165
　　一、正余弦旋转变压器 ······ 165
　　二、线性旋转变压器 ······ 169
　　三、旋转变压器的选用 ······ 170
　　四、旋转变压器的应用 ······ 171
参考文献 ······ 173

第一部分

技 能 实 训

说 明

一、实施要点

在实施电机维修技术实训时，可根据本书提出的实训硬件标准配置或最低配置的建议完成实训设备的配置，实训设备配置见表 0-1-1。

实训内容的讲解要到位，在每个实训课题操作前要先讲解清楚主要内容，特别是操作要领、工艺规范和理论依据。

实训指导宜采用巡回辅导方式，个别问题随时解决，共性问题当场集中讲解。

实训考核是将实训课题中的内容分成若干考核模块，每个模块中的扣分标准均已量化和细化，以表格形式出现。实训考核采用"行进式考核法"，该考核法分二种方式，方式一为整体进程考核，将进程考核表列在专用黑板上，并悬挂在实训现场，完成一项考核一项，并当场打分记录于表中，在告知学生的同时还能起到激励作用；方式二为分项具体考核，考核标准列在教材的相应环节中，使实训考核有很强的可操作性。考核进程表见表 0-1-2。

二、实训安排

实训教学以班级为基本单位。

指导教师人数配置：至少 2 人/班。

学生实训分组：标准配置为 2 人/组，最低配置为 4 人/组。

表 0-1-1 电机修理技术实训硬件配置表

配置名称	实训场地	实训设备及仪器	实训工具	实训教具
实训硬件标准配置	150m² 实训场地	三相调压器 2 台； 电烘箱、砂轮机、台钻各 1 台； 切纸器、台虎钳各 2 台； 自动绕线机 1 台， 或手动绕线机（配套绕线模）6 台； 万用表、摇表、钳形电流表 4 块； 工作台 2 组/台； 废旧交流电机、50V·A 变压器 1 台/组； 旧直流电机 4 台	拉力器 4 件； 组合套筒扳手 4 件； 5 件套常用电工工具 1 套/组； 压线条、压线块、划线片、裁纸刀、扁铲、手锤、橡皮榔头等各 1 件/组	多用电机组接线练习板 1 块/组

续表

配置名称	实训场地	实训设备及仪器	实训工具	实训教具
实训硬件最低配置	80m² 实训场地	三相调压器1台； 电烘箱、砂轮机、台钻各1台； 切纸器、台虎钳各2台； 手动绕线机(配套绕线模)5台； 万用表2块； 摇表、钳形电流表各1块； 工作台2组/台； 废旧交流电机1台/组	拉力器2件； 组合套筒扳手2件； 5件套常用电工工具1套/组； 压线条、压线块、划线片、裁纸刀、扁铲、手锤、橡皮榔头等各1件/组	多用电机绕组接线练习板1块/组

其中多用电机绕组接线练习板、压线条、压线块、划线片、裁纸刀均为自制教具和工具。

表 0-1-2　电机修理技术实训考核进程表

班级		人数		组数		时间	周	日期	月 日至 月 日	指导教师				
组号	考核内容进程										小组考核	个人考核		扣分	总评 6:2:2
	拆卸	拆线	清槽	裁纸	展开图	绕线	嵌线	整形	接线	测试	试车	浸漆烘干	装配	单相电机	直流电机	变压器	改型计算		理论	实操	安全文明	材料工具	甲	乙
1																								
2																								
3																								
4																								
5																								
6																								
7																								
8																								
9																								
10																								
11																								
12																								
13																								
14																								
15																								
16																								
17																								
18																								

实训一　异步电机的拆装与检修

一、三相异步电机的拆装

对电机进行定期保养、维护和检修时，首先需要将其拆装。因此，正确拆装电机是确保维修质量的前提。在学习维修电机时，应先学会正确的拆装技术。

(一)三相异步电机的拆卸

1. 拆卸前的准备

① 切断电源，拆开电机与电源连接线，并做好与电源线相对应的标记，以免恢复时搞错相序。

② 备齐拆卸工具,特别是拉具、套筒等专用工具。
③ 熟悉被拆电机的结构特点及拆装要领。
④ 测量并记录联轴器或皮带轮与轴台间的距离。
⑤ 标记电源线在接线盒中的相序、电机的出轴方向及引出线在机座上的出口方向。

2. 拆卸步骤

借助图 1-1-1 所示,简述拆卸步骤。

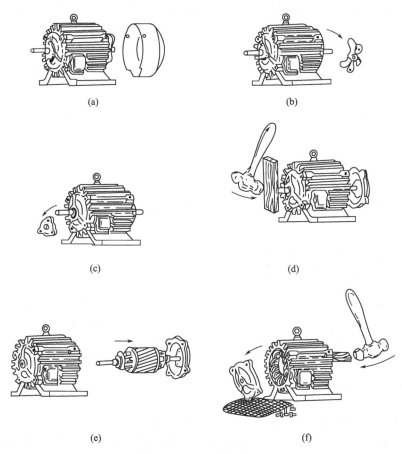

图 1-1-1　电机拆卸步骤

① 卸皮带轮或联轴器,拆电机尾部风扇罩。
② 卸下定位键或螺丝,并拆下风扇。
③ 旋下前后端盖紧固螺钉,并拆下前轴承外盖。
④ 用木板垫在转轴前端,将转子连同后端盖一起用锤子从止口中敲出。
⑤ 抽出转子。
⑥ 将木方伸进定子铁芯顶住前端盖,再用锤子敲击木方卸下前端盖,最后拆卸前后轴承及轴承内盖。

3. 主要部件的拆卸方法

(1) 皮带轮(或联轴器)的拆卸

先在皮带轮(或联轴器)的轴伸端(联轴端)做好尺寸标记,然后旋松皮带轮上的固定螺丝或敲去定位销,给皮带轮(或联轴器)的内孔和转轴结合处加入煤油,使锈蚀的部分松动,再用拉具将皮带轮（或联轴器）缓慢拉出,如图1-1-2所示。若拉不出,可用喷灯急火在皮带轮外侧轴套四周加热,加热时需用石棉或湿布把轴包好,并向轴上不断浇冷水,以免其随同外套膨胀,影响皮带轮的拉出。

注意:加热温度不能过高,时间不能过长,以防变形。

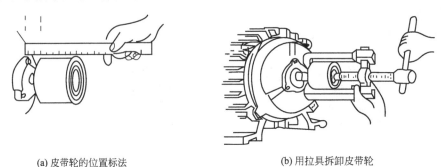

(a) 皮带轮的位置标法　　　　　　　(b) 用拉具拆卸皮带轮

图 1-1-2　拆卸皮带轮

（2）轴承的拆卸

轴承的拆卸可采取以下三种方法。

① 用拉具进行拆卸。拆卸时拉具钩爪一定要抓牢轴承内圈,以免损坏轴承,如图1-1-3所示。

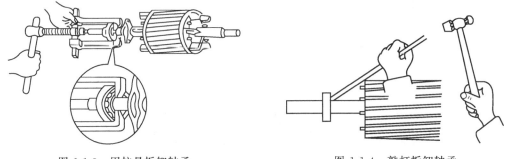

图 1-1-3　用拉具拆卸轴承　　　　　　图 1-1-4　敲打拆卸轴承

② 用铜棒拆卸。将铜棒对准轴承内圈,用锤子敲打铜棒,如图1-1-4所示。用此方法时要注意轮流敲打轴承内圈的对称侧,不可只敲打一侧,用力也不要过猛,直到把轴承敲出为止。

在拆卸端盖内孔轴承时,可采用如图1-1-5所示的方法,将端盖止口面向上平稳放置,在端盖的下面垫上一块中空的木板,注意木板不能顶住轴承,然后用一根直径略小于轴承外沿的铜棒或其他金属管抵住轴承外圈,从上往下用锤子敲打,使轴承从木板中空处脱出。

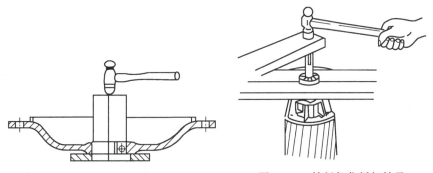

图 1-1-5　拆卸端盖内孔轴承　　　　　图 1-1-6　铁板架住拆卸轴承

③ 铁板架住拆卸。用两块厚铁板架住轴承内圈,铁板的两端用可靠支撑物架起,使转子悬空,如图 1-1-6 所示,然后在轴的上端面垫上厚木板,并用锤子敲打木板,使轴承脱出。

(3) 抽出转子

在抽出转子之前,应在转子下面气隙和绕组端部垫上厚纸板,以免抽出转子时碰伤铁芯和绕组。对于小型电机的转子可直接用手取出,一手握住转轴,把转子拉出一些,随后另一手托住转子铁芯渐渐往外移,如图 1-1-7 所示。

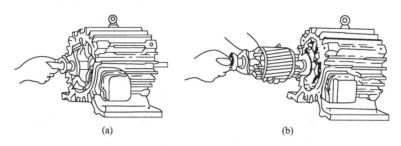

图 1-1-7 小型电机转子的拆卸

在拆卸较大的电机时,可两人一起操作,每人抬住转轴的一端,渐渐地把转子往外移,若铁芯较长,有一端不方便用力时,可在轴上套一节金属管,如图 1-1-8 所示。

图 1-1-8 中型电机转子的拆卸

对大型的电机必须用起重设备吊出转子,如图 1-1-9 所示。

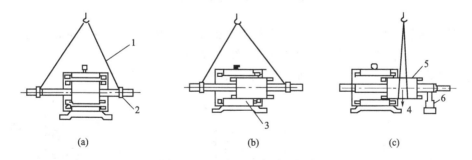

图 1-1-9 用起重设备吊出转子
1—钢丝绳;2—衬垫(纸板或纱头);3—转子铁芯可搁置在定子铁芯上,但切勿碰到绕组;
4—重心;5—绳子不要吊在铁芯风道里;6—支架

(二)单相异步电机的拆卸

由于单相异步电机结构较三相异步电机简单,且重量轻、体积小,通常只要会拆卸三相电机,就会拆卸单相电机。带启动开关的单相电机在拆卸时相对要复杂一些,因此在拆卸时,注意不要碰坏启动开关。

(三)异步电机的装配

1. 装配前的准备

先备齐装配工具,将可洗的各零部件用汽油冲洗,并用棉布擦拭干净,再彻底清扫定、转子内部表面的尘垢。接着检查槽楔、绑扎带等是否松动,有无高出定子铁芯内表面的地方,并做好相应处理。

2. 装配步骤

按拆卸时的逆顺序进行,并注意将各部件按拆卸时所做的标记复位。

3. 主要部件的装配方法

(1)轴承的装配

轴承装配分冷套法和热套法。冷套法是先将轴颈部分揩擦干净,把经过清洗好的轴承套在轴上,用一段钢管,其内径略大于轴颈直径,外径又略小于轴承内圈的外径,套入轴颈,再用手锤敲打钢管端头,将轴承敲进。也可用硬质木棒或金属棒顶住轴承内圈敲打,为避免轴承歪扭,应在轴承内圈的圆周上均匀敲打,使轴承平衡地行进,如图 1-1-10 所示。

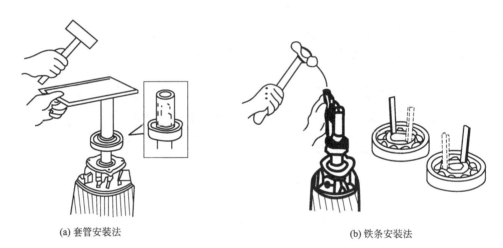

(a)套管安装法　　　　　　　　　(b)铁条安装法

图 1-1-10　冷套法安装轴承

热套法为将轴承放入 80～100℃变压器油中加温 30～40min 后,趁热取出迅速套入轴颈中。如图 1-1-11 所示:图(a)为用油加热轴承;图(b)为热套轴承。

注意:安装轴承时,标号必须向外,以便下次更换时查对轴承型号。

(a)用油加热轴承　　　　　　　　　(b)热套轴承

图 1-1-11　热套法安装轴承

1—轴承不能放在槽底;2—火炉;3—轴承应吊在槽中

另外,在安装好的轴承中要按其总容量的1/3～2/3加注润滑油,转速高的按小量加注,转速低的按大量加注。轴承如损坏应立即更换。如轴承磨损严重,外圈与内圈间隙过大,造成轴承过度松动,转子下垂并摩擦铁芯,轴承滚动体破碎或滚动体与滚槽有斑痕出现,保持架有斑痕或被磨坏等,都应更换新轴承。更换的轴承应与损坏的轴承型号相符。

（2）轴承的识别及选用

当损坏的轴承型号无法识别,看不懂轴承型号及代号的意义时,都会给更换带来一定的困难。学会识别轴承型号及代号,对选用轴承十分必要。

电机的轴承一般分为滚动轴承和滑动轴承两类。滚动轴承装配结构简单,维修方便,主要用于转速低于1500r/min,功率在1000kW以下,或者转速在1500～3000r/min,功率在500kW以下的中、小型电机;滑动轴承多用于大型电机。

下面简单介绍中、小型电机常用的滚动轴承型号及轴承代号的意义。

按国家标准,滚动轴承代号采用汉语拼音字母和阿拉伯数字表示,一般是以一组数字表示轴承的结构、类型和内径尺寸。规定用七位数字表示:

右起第一、二位数字表示轴承内径;

右起第三位数字表示轴承直径系列;

右起第四位数字表示轴承类型代号;

右起第五、六位数字表示轴承的结构特点;

右起第七位数字表示轴承的宽度或高度系列。

超过七位数字的,就从左看起,左起第一位数字表示轴承游隙,左起第二位表示轴承精度等级,如G（普通）、E（高级）、D（精密级）、C（超精密级）。而通常滚动轴承的代号是用四位数字表示,其四位数字的意义见表1-1-1。

表1-1-1 滚动轴承代号的意义

位 数 (自右向左)	数字代表的意义	代 号									
		0	1	2	3	4	5	6	7	8	9
第一、二位数	轴承内径	代号数字<04时,00、01、02、03,分别表示轴承内径$d=10,12,15,17$mm,代号数字为04～99时,代号的数字乘以5,即为轴承的内径尺寸									
第三位数	轴承直径系列			特轻系列	轻窄系列	中窄系列	重窄系列	轻宽系列	中宽系列	特宽系列	超轻系列	超轻系列
第四位数	轴承类型	向心球轴承	调心球轴承	向心短圆柱滚子轴承	调心滚子轴承	滚针轴承	螺旋滚子轴承	角接触球轴承	圆锥滚子轴承	推力球轴承	推力滚子轴承

注意:标注代号时最左边的"0"规定不写。

表1-1-2～表1-1-5中列出了常用电机滚动轴承的型号。

表1-1-2 Z_2系列直流电机滚动轴承型号（GB/T 272—93）

机座号	轴伸端轴承	非轴伸端轴承	机座号	轴伸端轴承	非轴伸端轴承
1	6302	6302	8	N311	6310
2	6304	6304	9	N314	6313
3	6305	6305	10	N317	6315
4	6307	6307	11	N320	6318
5	6309	6309	12	N320	6320
6	6309	6309	13	N320	6322
7	N310	6309	14	NU326	6326

表 1-1-3　Y 系列(IP44)异步电机滚动轴承型号(GB/T 272—93)

中心高/mm	2 极电机		4、6、8、10 极电机	
	轴伸端	非轴伸端	轴伸端	非轴伸端
80	180204Z1	180204Z1	180204Z1	180204Z1
90	180205Z1	180205Z1	180205Z1	180205Z1
100	180206Z1	180206Z1	180206Z1	180206Z1
112	180306Z1	180306Z1	180306Z1	180306Z1
132	180308Z1	180308Z1	180308Z1	180308Z1
160	309Z1	309Z1	2309Z1	309Z1
180	311Z1	311Z1	2311Z1	311Z1
200	312Z1	312Z1	2312Z1	312Z1
225	313Z1	313Z1	2313Z1	313Z1
250	314Z1	314Z1	2314Z1	314Z1
280	314Z1	314Z1	2317Z1	317Z1
315	316Z1	316Z1	2319Z1	319Z1

表 1-1-4　Y 系列(IP23)异步电机滚动轴承型号

中心高/mm	2 极电机		4、6、8、10 极电机	
	轴伸端	非轴伸端	轴伸端	非轴伸端
160	211Z1	211Z1	2311Z1	311Z1
180	212Z1	212Z1	2312Z1	312Z1
200	213Z1	213Z1	2313Z1	313Z1
225	214Z1	214Z1	2314Z1	314Z1
250	314Z1	314Z1	2317Z1	317Z1
280	314Z1	314Z1	2318Z1	318Z1
315	316Z1	316Z1	2319Z1	319Z1

表 1-1-5　部分系列笼型异步电机滚动轴承型号(GB/T 272—93)

电机系列	机座号	2 极电机		4 极以上电机	
		轴伸端轴承	非轴伸端轴承	轴伸端轴承	非轴伸端轴承
J、JO、JQ、JQO 系列	3	6304	6304	6304	6304
	4	6306	6306	6306	6306
	5	6308	6308	6308	6308
	6	6308	6308	6310	6310
	7	6310	6310	N312	6312
	8	6312	6312	N314	6314
	9	6314	6314	N317	N317
J2、JO2、JQ2、JQO2 系列	1	6204	6204	6204	6204
	2	6205	6205	6305	6305
	3	6206	6206	6306	6306
	4	6208	6208	6308	6308
	5	6309	6309	6309	6309
	6	6310	6310	N310	6310
	7	6311	6311	N311	6311
	8	6314	6314	N314	6314
	9	6317	6317	N317	6317

续表

电机系列	机座号	2 极电机		4 极以上电机	
		轴伸端轴承	非轴伸端轴承	轴伸端轴承	非轴伸端轴承
JQ3 系列	80	6204	6204	6204	6204
	90	6305	6305	6305	6305
	100	6306	6306	6306	6306
	112	6307	6307	6307	6307
	140	6309-Z	6309-Z	6309-Z	6309-Z
	160	6310-Z	6310-Z	6310-Z	6310-Z
	180	6311	6311	N311	6311
	200	6311	6311	N312	6312
	225	6313	6313	N314	6314
	250	6314	6314	N316	6316
	280	6316	6316	N318	6318

其他型号轴承可参阅有关技术手册。

(3) 轴承润滑脂的识别及选择

对滚动轴承润滑脂的选择,主要考虑轴承的运转条件,如使用环境(潮湿或干燥),工作温度和电机转速等。当环境温度较高时,应使用耐水性强的润滑脂。转速愈高,应选用锥入度愈大(稠度较稀)的润滑脂,以免高速时润滑脂内产生很大的摩擦损耗,使轴承温升增高和电机效率降低。负载越大时,应选择锥入度越小的润滑脂。

电机中常用润滑脂的品种、型号及适用场合见表 1-1-6。

表 1-1-6 轴承润滑脂的品种、型号及适用场合

名 称	牌 号	外 观	滴点 $t/℃$ 不低于	工作锥入度 (1/10) h/mm	适 用 场 合
钙基润滑脂	1号 ZG-1 2号 ZG-2 3号 ZG-3 4号 ZG-4 5号 ZG-5	从深黄色到暗褐色,在玻璃上涂抹 1～2mm 厚的润滑脂层,对光检查时,呈均匀无块状油膏	75 80 85 90 95	310～340 265～295 220～250 175～205 130～160	工作温度低于 55～60℃与水接触的封闭式电机,各种工农业与交通机械设备的轴承润滑。特点为耐水,但不耐热
钠基润滑脂	2号 ZN-2 3号 ZN-3 4号 ZN-4	深黄色到暗褐色均匀油膏	140 140 150	265～295 220～250 175～205	在较高工作温度、清洁无水分的条件下,用于开启式电机,其工作温度分别为:2 号低于 115℃,3 号低于 115℃,4 号低于 130℃
高温钠基脂		深绿色纤维状均匀软膏		170～225	高温钠基脂工作温度在 140～160℃之间
钙钠基润滑脂	1号 ZGN-1 2号 ZGN-2	黄色到深棕色的均匀软膏	120 135	250～290 200～240	在 80～100℃,允许有水蒸气的条件下,用于开启式、封闭式电机。不适于低温
石墨钙基润滑脂	ZG-S	黑色均匀油膏	80	—	适用于工作温度 60℃以下粗糙、重负荷摩擦部位,不适用于滚动轴承润滑
二硫化钼锂基润滑脂	0号 1号 2号 3号 4号	灰黑色均匀油膏	170	175～385	适用于 20～80℃,3000r/min 常见的中小型机电设备等滚动轴承润滑,也适用于各类油杯加油的轴瓦及间隙 0.5mm 以上的重负荷设备轴瓦润滑

续表

名　称	牌　号	外　观	滴点 $t/℃$ 不低于	工作锥入度 (1/10) h/mm	适 用 场 合
锂基润滑脂	1号 2号 3号 4号	ZL-1 ZL-2 ZL-3 ZL-4	淡黄色到暗褐色均匀油膏	170 175 180 185	310～340 265～295 220～250 175～205	通用长寿命的润滑脂可代替钙基、钠基、钙钠基脂,能长期在120℃左右工作。广泛用于高温高速与水接触的机器上。2号用于中小型电机,3号用于大中型电机
铝基润滑脂	2号	ZU-2	淡黄色到暗褐色的光滑透明油膏	75	230～280	用于常温工作,有严重水分场合电机

(4) 后端盖的装配

将轴的伸出端朝下垂直放置,在其端面上垫上木板,后端盖套在后轴承上,用木锤敲打,见图1-1-12所示。把后端盖敲进去后,装轴承外盖。紧固内外轴承盖的螺栓时注意要对称地逐步拧紧,不能先拧紧一个,再拧紧另一个。

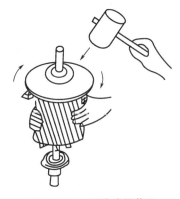

图 1-1-12　后端盖的装配

图 1-1-13　轴承内外端盖的固定

(5) 前端盖的装配

将前轴承内盖与前轴承按规定加足润滑油后,一起套入转轴,然后,在前内轴承盖的螺孔与前端盖对应的两个对称孔中穿入铜丝拉住内盖,待前端盖固定就位后,再从铜丝上穿入前外轴承盖,拉紧对齐。接着给未穿铜丝的孔中先拧进螺栓,带上丝口后,抽出铜丝,最后给这两个螺孔拧入螺栓,依次对称逐步拧紧。也可用一个比轴承盖螺栓更长的无头螺丝(吊紧螺丝),先拧进前内轴承盖,再将前端盖和前外轴承盖相应的孔套在这个无头长螺丝上,使内外轴承盖和端盖的对应孔始终拉紧对齐。待端盖到位后,先拧紧其余两个轴承盖螺栓,再用第三个轴承盖螺栓换下开始时用以定位的无头长螺丝(吊紧螺丝),如图1-1-13所示。

二、异步电机的检修

对异步电机的定期维护和故障分析是异步电机检修的基本环节,了解并掌握定期维修及故障分析的内容和方法是维修电机的基本技能。

(一)定期维修

1. 维修时限

通常是一年进行一次。

2. 维修内容

① 查电机各部件有无机械损伤，若有则作相应修复或更换。

② 对拆开的电机进行清理，清除所有油泥、污垢。清理中，注意观察绕组绝缘状况。若油漆为暗褐或深棕色，说明绝缘漆已老化，对这种绝缘要特别注意不要碰撞使它脱落。若发现有脱落应进行局部绝缘修复和刷漆。

③ 拆下轴承，浸在柴油或汽油中彻底清洗后，再用干净汽油清洗一遍。检查清洗后的轴承转动是否灵活，有无振动。根据检查结果，确定对润滑油脂或轴承是否进行更换。

④ 检查定子绕组是否存在故障。使用兆欧表测绕组绝缘电阻，绝缘电阻的大小可判断出绕组受潮程度或短路情况。若有，要进行相应处理。

⑤ 检查定、转子铁芯有无磨损和变形，若观察到有磨损处或发亮点，说明可能存在定、转子铁芯相擦。可使用锉刀或刮刀将亮点刮去。

⑥ 对电机进行装配、安装，测试空载电流大小及对称性，最后带负载运行。

(二) 故障分析

电机故障通常分为电气和机械两个方面，电气故障占主要方面，常见的故障如下。

1. 跑单相运行

(1) 原因

线路和电机引线连接不可靠，引起接触电阻大，使连接处逐步氧化而造成断相。

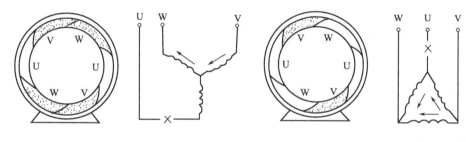

(a) Y接绕组烧坏2/3极相组　　　　(b) △接绕组烧坏1/3极相组

图 1-1-14　跑单相运行烧坏绕组特征

(2) 特征

由于跑单相运行而烧毁的电机，其绕组特征很明显，拆开电机端盖，若看到电机绕组整个端部的1/3或2/3的极相组烧黑或变为深棕色，而其中的一相或两相绕组完好或微变色，则说明是跑单相运行造成的。以二极电机为例，其跑单相运行烧坏绕组特征如图1-1-14所示。

在Y接时，U相电源断开，电流从V-W相绕组流过，因此将V、W相绕组烧坏。在△接时，U相电源断开，电流分两路，一路有U、W相绕组串联组成，另一路由V相单独组成，后一路阻抗小于前一路，因而V相首先烧坏。

(3) 处理方法

重绕电机绕组。

2. 匝间短路

(1) 原因

由于嵌线质量不高或机械擦损，造成本相绕组中导线绝缘损伤，引起匝间短路。

(2) 特征

在线圈的端部，可清楚地看到线圈的几匝或整个线圈，甚至一个极相组烧焦，烧焦部分呈裸铜线。其他均完好。

(3) 处理方法

可局部修理的,换一个线圈或一组线圈即可。不宜局部修理的,重绕全部绕组。

3. 绕组断路

(1) 原因

同一相绕组的连接头接线质量不好,造成连接头虚接,断开。

(2) 特征

启动时,无起动转矩。运行时,绕组断路,发出较强的"嗡嗡"响声,最终烧毁电机,现象同跑单相运行。

(3) 处理方法

找到断线处,重新接线。

4. 相间短路

(1) 原因

端部相间绝缘、双层线圈层间绝缘没有垫妥,在电机受热或受潮时,绝缘性能下降,击穿形成相间短路。也有线圈组间连线套管处理不妥,绝缘材料选用不当等原因。

(2) 特征

在短路处发生爆断,并熔断很多导线,附近有许多熔化的铜屑,而其他处均完好无损。

(3) 处理方法

重绕电机绕组,并注意相间绝缘要垫妥,合适选用绝缘材料。

5. 接地

(1) 原因

嵌线质量不高,造成槽口绝缘破损;高温或受潮引起绝缘性能降低;雷击也能引起。

(2) 特征

用兆欧表测试电机绕组与地之间绝缘电阻小于 $1M\Omega$ 以下。

(3) 处理方法

从嵌线质量、绝缘材料选用上提高要求。

6. 过载

(1) 原因

电机端电压太低;接线不符合要求,Y、△接不分;机械方面,不注意电机的使用条件和要求;电机本身定、转子间气隙过大,笼式转子铝条断裂,重绕时线圈数据与原设计相差太大等都是造成过载的原因。

(2) 特征

三相绕组全部均匀焦黑。

(3) 处理方法

重绕电机绕组后,再找原因,并针对性处理。

三、实训要求

① 两人拆卸一台三相异步电机,并填写记录。

② 按定期维修的内容要求,检修所拆装的电机,并填写记录表。

③ 能判断出因跑单相运行而烧坏的电机。

④ 能判断出因过载而烧坏的电机。

四、实训记录

① 拆卸前标记,联轴器或皮带轮与轴台间的距离_____ mm,出轴方向为_____,电源引线位置_____。

② 拆卸顺序_____、_____、_____、_____、_____。

③ 拆卸皮带轮或联轴器所使用的工具_____,操作要点_____。

④ 轴承拆卸后清洗干净,用手转动其声音为_____能否再使用_____,轴承型号_____;新换轴承润滑油名称_____,用量_____g;轴承装配方法_____,操作要点_____。

⑤ 端盖及前轴承内外盖装配的方法_____,操作要点_____。

⑥ 一台四极电机,有12个极相组,分别画出Y接和△接跑单相运行而烧坏的示意图1-1-15。

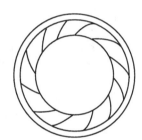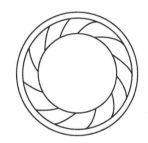

图1-1-15 跑单相示意图

⑦ 三相异步电机检修记录表(表1-1-7)

表1-1-7 三相异步电机检修记录表

内　　容	记　　　　　录		处　　理
检查各部件有无机械损伤	外壳		
	端盖		
	风扇及罩叶		
	转轴及键槽		
	其余部位		
清洗各部件油垢,检查绕组绝缘情况	清洗情况		
	绕组绝缘评价		
清洗、检修轴承	润滑油状况		
	轴承是否灵活		
	轴承表面状况		
	轴承有无变色		
	润滑油名称及加油量		
检查定子绕组故障,测绝缘电阻	绝缘电阻/MΩ	U、V、W相对机壳	
		U-V、V-W、W-U相间	
	绕组状况		

续表

内　容	记　　　录		处　　　理
定、转子铁芯有无磨损和变形	定、转子铁芯有无亮点或擦痕		
	定、转子铁芯是否变形		
	转轴有无弯曲		
试机	U、V、W相空载电流/A		
	绕组绝缘评价		

五、实训考核

实训考核见表1-1-8。

表1-1-8　实训项目量化考核表

项目内容	考　核　要　求	配分	扣　分　标　准	得分
拆卸电机	拆卸方法正确,顺序合理,定子绕组无碰伤、部件无损坏、所打标记清楚	30分	拆卸方法不正确,每次扣10分;碰伤定子绕组或损坏部件,每件扣20分;标记不清楚,每处扣5分	
装配电机	装配方法正确,顺序合理,重要及关键部件清洗干净,装配后转动灵活	40分	装配方法错误,每次扣10分;轴承和轴承盖清洗不干净,每只扣10分;轴承装反或装法不当,每只扣10分;装配后转动不灵活扣20分	
电机检修	检修环节齐全、步骤规范,检修记录填写完整	20分	检修步骤每少一步扣10分;轴承不加或多加润滑油,每只扣10分;绝缘电阻测量,每少测一项扣5分;空载电流少测一相扣5分	
故障分析	对常见的故障通过现象会判断、会分析,并能提出一般的处理方案及实施	10分	给出跑单相、匝间短路、相间短路、过载、接地等故障现象,每判断错一项扣5分	
安全文明操作	每违反一次扣10分			
限时	拆装电机或检修电机分别限时为120min或180min,每超过1min扣1分		指导教师(签字)	

实训二　三相异步电机绕组结构

一、有关术语和基本参数

(一)线圈和线圈组

1. 线圈

线圈是组成绕组的基本元件,用绝缘导线(漆包线)在绕线模上按一定形状绕制而成。一般由多匝绕成,其形状如图1-2-1(a)、(b)所示。它的两直线段嵌入槽内,是电磁能量转换部分,称线圈有效边;两端部仅为连接有效边的"过桥",不能实现能量转换,故端部越长材料浪费越多;引线用于引入电流的接线。图1-2-2是线圈嵌入铁芯槽内的情况。

2. 线圈组

几个线圈顺接串联即构成线圈组,异步电机中最常见的线圈组是极相组。它是一个极下同一相的几个线圈顺接串联而成的一组线圈,如图1-2-3所示。

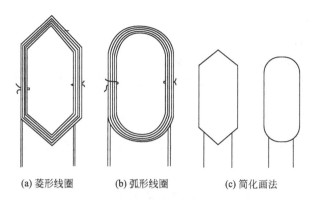

(a) 菱形线圈　　　(b) 弧形线圈　　　(c) 简化画法

图 1-2-1　常用线圈及简化画法

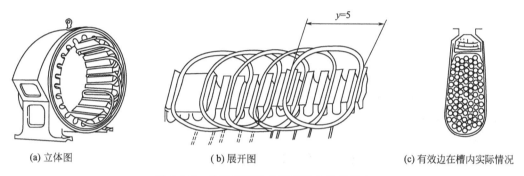

(a) 立体图　　　　(b) 展开图　　　　(c) 有效边在槽内实际情况

图 1-2-2　单层绕组部分线圈嵌入铁芯槽内

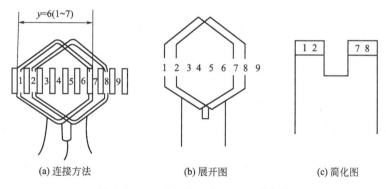

(a) 连接方法　　　(b) 展开图　　　(c) 简化图

图 1-2-3　一个极相组线圈的连接方法

（二）定子槽数和磁极数

1. 定子槽数 Z

定子铁芯上线槽总数称之为定子槽数,用字母 Z 表示。

2. 磁极数 $2p$

磁极数是指绕组通电后所产生磁场的总磁极个数,电机的磁极个数总是成对出现,所以电机的磁极数用 $2p$ 表示。异步电机的磁极数可从铭牌上得到,也可根据电机同步转速计算出磁极数,即

$$2p = \frac{120f}{n_1}$$

式中　f——电源频率；
　　　p——磁极对数；
　　　n_1——电机同步转速,即旋转磁场的转速。

n_1 可从电机转速 n 取整数后获得,它在交流电机中为确定转速的重要参数,即

$$n_1 = \frac{60f}{p} (\text{r/min})$$

在中国,电网频率规定为 $f=50\text{Hz}$,这样,不同极数或极对数对应的同步转速如表1-2-1所示。

表 1-2-1　转速与极数或极对数的关系

极数 $2p$	极对数 p	同步转速 n_0/(r/min)
2	1	3000
4	2	1500
6	3	1000
8	4	750
20	10	300
24	12	250

(三) 极距和节距

1. 极距 τ

相邻两磁极之间的极距,通常用槽数来表示

$$\tau = \frac{Z}{2p} (\text{槽})$$

2. 节距 y

一个线圈的两有效边所跨占的槽数。为了获得较好的电气性能,节距应尽量接近极距 τ,即

$$y \approx \tau = \frac{Z}{2p} (\text{取整})$$

在实际生产中常采用的是整距和短距绕组。

(四) 电角度与相带

1. 电角度

电角度是相对机械角度提出的,机械角度是指分布在空间的角度,而电角度是指分布在磁极下的,每对磁极（N-S）规定为360°电角度。若将极距用电角度表示的话,那每个极距范围为180°电角度。

2. 相带

相带是指在磁极下将三相绕组等分后,一相所占的电角度（或槽数）范围。若在一个磁极下（180°电角度范围内）分成三个相带,就称为60°相带；而在一对磁极（N-S）下（360°电角度范围内）分成三个相带,就称为120°相带。

(五) 每极相槽数与槽距角

1. 每极相槽数 q

是指绕组每极每相所占的槽数

$$q = \frac{Z}{3 \times 2p} (\text{槽})$$

2. 槽距角 α

指定子相邻槽之间的间隔,以电角度来表示,即

$$\alpha = \frac{180° \times 2p}{Z} \text{(电角度)}$$

(六) 线径与并绕根数

线径 ϕ 是指绕制电机时,根据安全载流量确定的导线直径。功率大的电机所用导线较粗,当线径过大时,会造成嵌线困难,可用几根细导线替代一根粗导线进行并绕。其细导线根数就为并绕根数 N_a。

(七) 单层与双层绕组

单层绕组是在每槽中只放一个有效边,这样每个线圈的两有效边要各占一槽。故整个单层绕组中线圈数等于总槽数的一半。

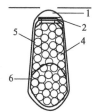

图 1-2-4 单、双层槽内布置情况
1—槽楔;2—覆盖绝缘;3—槽绝缘;
4—层间绝缘;5—上层线圈边;
6—下层线圈边

双层绕组是在每槽中用绝缘隔为上、下两层,嵌放不同线圈的各一有效边,线圈数与槽数相等,图 1-2-4 是单层、双层槽内布置情况示意图。

二、三相绕组的排列方法

为了在电机内形成旋转磁场,定子槽内各有效边流过哪一相的电流是有规律的,对三相绕组进行排列其目的,就是体现规律。

(一) 三相绕组的构成规则

① 每相绕组的槽数必须相等,且在定子上均匀分布;
② 三相绕组在空间应相互间隔 120°电角度。
③ 三相绕组一般采用 60°相带,即三相有效边在一对磁极下均匀地分为 6 个相带。

(二) 排列方法

1. 计算基本参数

$$\text{每极相槽数 } q = \frac{Z}{3 \times 2p}$$

$$\text{槽距角 } \alpha = \frac{180° \times 2p}{Z}$$

2. 编写槽号

编号从第一槽(自定)开始顺序编号。

3. 划分相带

取 q 个槽为一个相带,相带按 U_1-W_2-V_1-U_2-W_1-V_2 的顺序循环排列。

4. 标定电流正方向

把 U_1、V_1、W_1 相带电流正方向选定为指向上方,则 U_2、V_2、W_2 相带电流正方向指向下方。即相邻相带的电流正方向上下交替。

5. 作绕组表(表 1-2-2)

表 1-2-2　绕组表

槽　号																
相　带																

6. 排列实例

图 1-2-5 是 3 个三相绕组分相带、标电流的排列情况。取不同的极数和槽数,以利于观察其规律。图(a)为三相 4 极 24 槽;图(b)为三相 2 极 24 槽;图(c)为三相 4 极 36 槽。

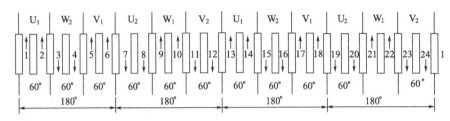

(a) 三相4极24槽

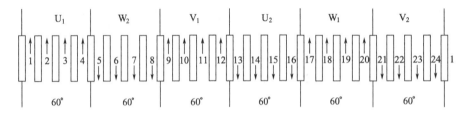

(b) 三相2极24槽

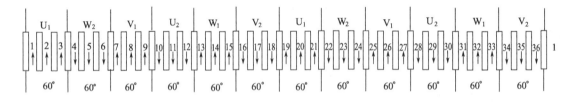

(c) 三相4极36槽

图 1-2-5　定子绕组有效边相带分布及各相电流正方向

只要按上述排列方法,可使 U_1 相带各槽导体流入 U 相电流;V_1 相带各槽导体流入 V 相电流;W_1 相带各槽导体流入 W 相电流,而 U_2 相带、V_2 相带和 W_2 相带对应的各槽导体分别流出 U 相、V 相和 W 相电流,即可满足绕组空间对称的规则。

三、三相绕组的端部连接方式

连接端部是为了将分布在各相带的槽导体构成三相对称绕组,连接方式是多种的,每一种连接方式就形成一种形式的绕组。

(一)三相单层绕组端部连接方式性能及特点

1. 等宽度式(叠式)

线圈为等距,所有线圈节距相同,线模容易调整;线圈节距短于极距(整距),较省线材;单层绕组的线圈数目少,嵌线省时,但电气性能较差。

2. 同心式

绕组是单层布线,有较高的槽满率;绕组端部长度大而耗线材,且漏磁较大、电气性能也较差;可采用分层嵌线而形成"双平面"或"三平面"绕组,使嵌线方便,多适用于二极电机。

3. 交叉式

绕组为整距,但线圈平均节距较短,用线较节省;每组线圈数和节距都不等,给嵌线工艺增加了困难;槽满率较高,电气性能较差。另外,端部连接方式也可成为同心交叉式,即把等宽度的两线圈改成同心式。

(二)三相单层 4 极 36 槽绕组端部连接方式

由三相 4 极 36 槽可知该绕组的每极相槽数 $q=3$,端部连接方式可能出现三种方式,用图 1-2-6(a)、(b)、(c)描绘,只连接其中某一相在各分图上说明。

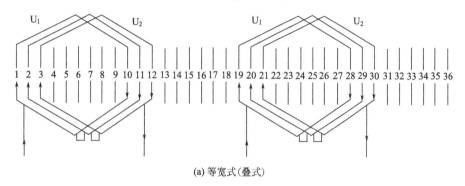

(a) 等宽式(叠式)

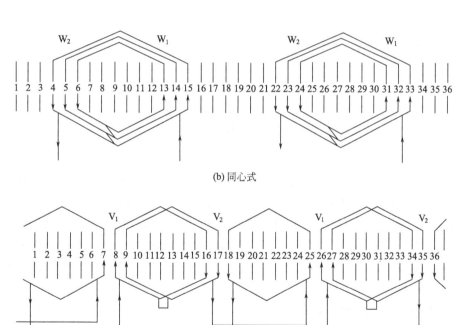

(b) 同心式

(c) 交叉式

图 1-2-6 单层绕组的三种类型

在实际中,选用哪种端部连接方式,这不是修理人员所考虑的,只有设计人员才考虑。对修理人员来说,原设计数据是重绕电机的根本依据,是不可更改的。

(三)三相单层 4 极 24 槽绕组端部连接方式

由三相 4 极 24 槽的两个基本参数可计算出每极相槽数 $q=2$,根据其规则排列组合有三

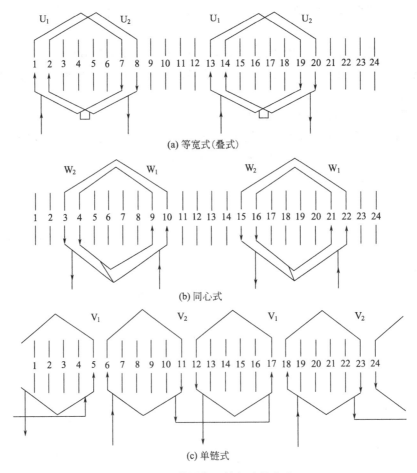

图 1-2-7 单层绕组端部连接方式

种端部连接方式,见图 1-2-7 所示。

总之,以上几种单层绕组形式,具有高的槽满率、不易发生相间短路、线圈数目较少、嵌线工时省等优点,在小型电机中得到广泛应用。常用的 JO2 及 Y 系列电机中,单层叠式绕组用于 $q=2$ 的 4、6、8 极电机;单层交叉式绕组用于 $q=3$ 的 2、4 极电机;同心式绕组用于 $q=4$ 的 2 极电机。这些绕组形式在日常的修理工作中都经常可以见到。另外,单层绕组由于结构的限定,其绕组端部较厚,不易整形,无法利用适当的短距来改善绕组的电磁性能,这就是单层绕组的电机性能较差的原因。

对容量大,要求高的电机,通常用双层绕组。双层绕组的节距可任意选定,利用适当的短距即可改善电机性能。

(四)三相双层绕组端部连接方式

双层绕组在每槽内嵌放两个有效边,形成了上层边与下层边,各层均有自身的分布规则。具体端部连接方式见图 1-2-8 所示,图为三相 4 极 36 槽双层叠绕组。

绕组的上层边仍按单层对称三相绕组的分相规则进行,划分出每对磁极下的 U_1-W_2-V_1-U_2-W_1-V_2 各相带,而下层边是按给定的节距 y,确定每一线圈的下层边。节距 y 的确定可按原先设定值,在拆绕组时记录下来。也可计算确定节距 y:先由 $\tau=\dfrac{Z}{2p}$ 确定极距,再按 $y=\dfrac{5}{6}\tau$

取整数即可。最后用叠绕的方式连接各线圈端部。

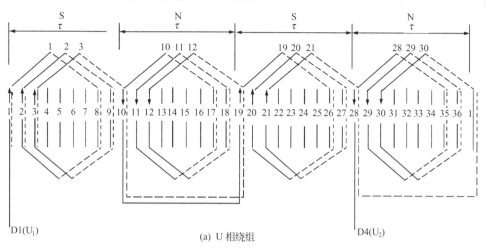

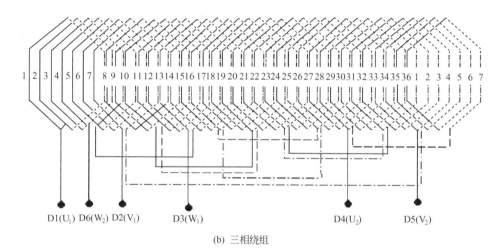

图 1-2-8　双层叠绕组展开图

双层绕组的每个线圈两个有效边一定要分别置于上层边和下层边,连接线圈端部组成极相组和相绕组所依据的电流正方向是按各线圈上层有效边所标定的。

(五)三相双层叠绕组端部连接方式性能及特点

1. 性能

① 由于能随意选择合理的节距,从而改善了电磁性能;

② 线圈采用了短节距,使端部长度变小,省线材,并提高了效率。

2. 特点

① 所有线圈节距相同,绕制方便;

② 线圈端部变形小,易整形;

③ 线圈数比单层绕组多一倍,故嵌线费工;

④ 在同一槽内由于嵌入异相线圈边,这样容易造成短路故障;

⑤ 层间需加绝缘,槽满率就较低。

四、实训要求

① 搞懂60°相带在磁极下按 U_1-W_2-V_1-U_2-W_1-V_2 规律排序的原因。

② 补画出图1-2-6(a)、(b)、(c)各分图的其他两相的端部接线,并作出绕组表,最后再把三相绕组接为Y接。

③ 补画出图1-2-7各分图中其他两相的端部接线,作出绕组表,最后再把三相绕组接为△接,并将绕组接成二路并联的形式。

④ 会画三相双层叠绕36槽二极绕组端部连接图和展开图。

⑤ 对所要嵌线修理的三相异步电机,作出绕组表,画出绕组端部连接图和展开图。体会"按分相后确定的各导体有效边内电流正方向连接"这句话,简练地总结出三相绕组端部连接的接线规律。

五、实训记录

① 在图1-2-6、图1-2-7各分图上补画齐其他两相端部接线。

② 本人所要嵌线修理的三相异步电机,绕组总线圈数=_____,每极相槽数=_____,极相组数=_____,每组线圈数=_____,线圈节距=_____,极距=_____,并联支路数=_____。

作出绕组表,见表1-2-3。

表1-2-3 绕组表

槽 号									
相 号									
槽 号									
相 号									

③ 实际所嵌线的电机端部接线图或展开图。

三相双层叠绕36槽2极电机展开图

1 2 3 4 5 6 7 8 9 10 11 12 13 14 15 16 17 18 19 20 21 22 23 24 25 26 27 28 29 30 31 32 33 34 35 36

④ 端部接线规律总结。

六、实训考核

见表1-2-4。

表1-2-4 实训项目量化考核表

项目内容	考 核 要 求	配 分	扣 分 标 准	得 分
基本参数	会计算和应用基本参数,对产生旋转磁场的条件及要点十分清楚	20分	基本参数不会计算和应用的,每个扣5分;形成旋转磁场的条件及要点不清楚扣10分	

续表

项目内容	考核要求	配分	扣分标准	得分
排列方法	能正确排列相带顺序,掌握排列方法	40分	排列相带顺序错误扣20分;双层排列相带要点错误扣20分;四极以上排列相带错误扣10分	
端部连接方式	清楚各种端部连接方式的名称及特性;会各种端部连接方式的绘制	40分	不会单层绕组端部连接方式的扣20分;不会双层绕组端部连接方式的扣20分;不清楚不同端部连接方式的名称及特性扣10分	
安全文明操作	每违反一次扣10分			
指导教师(签字)				

实训三 电机嵌线专用工具和材料的认识

一、电机嵌线专用工具

(一)清槽片

1. 作用

清槽片是清除电机定子铁芯槽内残存绝缘物,锈斑等杂物的专用工具。

2. 形状

清槽片可利用断钢锯条在砂轮上磨成尖头或钩状,尾部用塑料带包扎作成手柄,其形状如图1-3-1所示。

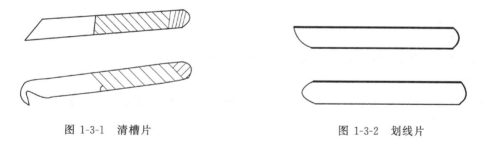

图 1-3-1 清槽片　　　　　　　　图 1-3-2 划线片

(二)划线片

1. 作用

划线片是嵌放线圈时将导线划进铁芯线槽内,及理顺已嵌入槽里导线的专用工具。

2. 形状

划线片可利用层压树脂板或西餐刀用砂轮磨削制作,最好用锯床锋钢锯条制成,其形状如图1-3-2所示,尺寸一般长约150～200mm,宽约10～15mm,厚约3mm。头端略尖形,一侧稍薄些,整体表面光滑。

(三)压线块

1. 作用

压线块是把已嵌入线槽的导线压紧并使其平整的专用工具。

2. 形状

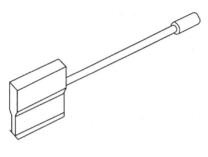

图 1-3-3 压线块

用不锈钢或黄铜材料制成,装上手柄,便于操作。形状如图 1-3-3 所示,尺寸取决于线槽的宽度,配备几种不同规格,依线槽宽度供选择使用。

(四)压线条

1. 作用

压线条又称捅条,是小型电机嵌线时必须使用的工具。

压线条捅入槽口有两个作用:其一是利用楔形平面将槽内的部分导线压实或将槽内所有导线压紧,压部分导线是为了方便继续嵌线,而压所有导线是为了便于插入槽楔,封锁槽口;其二是配合划线片对槽口绝缘进行折合、封口。最好根据槽形的大小制成不同尺寸的多件,压线条整体要光滑,底部要平整,以免操作时损伤导线的绝缘和槽绝缘。

2. 形状

一般用不锈钢棒或不锈钢焊条制成,横截面为半圆形,并将头部锉成楔状,便于插入槽口中,见图 1-3-4 所示。

图 1-3-4 压线条

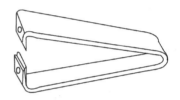

图 1-3-5 刮线刀

(五)刮线刀

1. 作用

刮线刀是用来刮去导线接头上绝缘层的专用工具。

2. 形状

刮线刀的刀片可利用一般卷笔刀上的刀片,每个刀片用螺钉紧固,或用强力胶粘牢。其形状如图 1-3-5 所示。

(六)裁纸刀

1. 作用

裁纸刀是用来推裁高出槽面的槽绝缘纸的专用工具。

2. 形状

一般用断钢锯条在砂轮上磨成,其形状如图 1-3-6 所示。

(七)绕线模

1. 作用

绕线模是用来绕制电机绕组线圈的专用工具。

2. 形状

在使用中最重要的是线圈形状和尺寸的定型,因为绕线模尺寸确定不合适,绕制的线圈就不能嵌装。线圈太小,造成嵌线困难;线圈过大,不仅浪费导线,且因线圈端部相应过长给装配电机端盖带来困难,甚至会与端盖紧靠而影响对地绝缘。

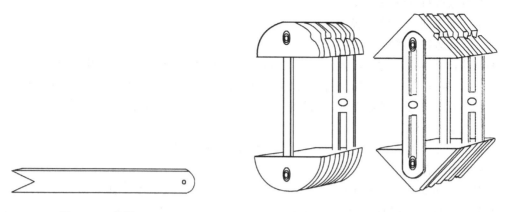

图 1-3-6 裁纸刀　　　　　　图 1-3-7 中型活络式绕线模

通常绕线模为购买物品,其形状如图 1-3-7 所示,尺寸大小由被修理电机的瓦数决定。

(八)千分尺

1. 作用

千分尺有内外径之分,电机修理只使用外径千分尺,外径千分尺是用来测量导线线径的。其分度值为 0.001mm。

2. 使用

千分尺是一种精密量具,见图 1-3-8 所示,使用时应注意以下几点。

① 测量前,先把千分尺的两个测量面擦干净,然后转动测力装置——棘轮,使两个测量面轻轻地接触,并且没有间隙,先检查两测量面间的平行度是否良好,再检查零位对准与否。

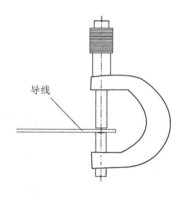

图 1-3-8 用外径千分尺测量导线线径

② 把被测量物表面擦干净,以免有脏物影响测量的精度。

③ 测量时用左手准确地握着千分尺的尺架(平端或垂直),右手的两指旋转刻度套管。当两个测量面将要接近被测量零件表面时,就不要直接旋转刻度套管,而只转动棘轮,以得到固定的测量力。等到虽然转动棘轮而刻度套管不再转动,并听到棘轮发出"咔咔"声时,即可读出要测量的数值。

④ 在读取测量数值时,当心读错 0.5mm,即在固定套管上多读或少读半格(0.5mm)。

⑤ 为避免测量一次所得结果的误差,可在第一次测量后松开棘轮,再重复测量几次,取平均值即可。

二、电机嵌线专用材料

(一)绝缘材料

绝缘材料是用来隔离带电的或不同电位的导体,使电流按确定的路径流通。绝缘材料种类很多。在电机修理中,不同的部位需选用不同的绝缘材料。所用的绝缘材料的绝缘等级必须与所修电机铭牌上的绝缘等级相符。

1. 绝缘材料选用时应注意的事项

(1) 绝缘材料的绝缘等级

不低于原电机的绝缘等级。

(2) 电机运行环境

经常使用在潮湿地沟和浸入水中的电机,绝缘材料的选用应以耐水、耐潮为主;冶金企业所用的电机,要注意高温、多粉尘特点;化工厂使用的电机要注意耐化学腐蚀气体的特点;起重冶金电机要注意频繁启动制动和高温等特点;高压电机要注意电晕问题。

(3) 绝缘材料的工艺性

尽量选用复合绝缘材料,它比单一材料多层组合的工艺性好。

(4) 成本问题

在保证电机修后的可靠性和使用寿命前提下,要注意维修成本。如 F 级的 DMD 复合绝缘比 F 级的 SMS 复合绝缘便宜。为了降低成本而选用旧绝缘材料,可能影响电机使用的可靠性,是不允许的。在同一绝缘等级中(如 B 级),不一定电机各部位全用同一耐热等级绝缘材料,可在焊接点附近选用耐高温的绝缘材料(如选用 F 级或 H 级的聚酰亚胺薄膜带包扎导线),其余部位用 B 级绝缘材料。

2. 常用的绝缘材料

(1) 绕组用主绝缘材料

见表 1-3-1。

表 1-3-1 电机绕组用主绝缘材料

主要用途	各绝缘材料名称及绝缘等级		
	E级(120℃)	B级(130℃)	F级(155℃)
槽绝缘 相间绝缘 层间绝缘 直流电机绕组的匝间绝缘	①聚酯薄膜绝缘纸复合箔(6520); ②聚酯薄膜玻璃漆布复合箔(6530); ③聚酯薄膜青壳纸(2920)	①聚酯薄膜玻璃漆布复合箔(6530); ②聚酯薄膜聚酯纤维纸复合箔(DMD、DMDM); ③三聚氰胺醇酸玻璃漆布(2432); ④环氧玻璃粉云母带(5483); ⑤醇酸玻璃柔软云母板(5131)	①聚酯薄膜芳香族聚酰胺纤维纸复合箔(NMN); ②聚酯薄膜芳香族聚砜胺纤维纸复合箔(SMS)

(2) 电机绕组包绕用绝缘材料 见表 1-3-2。

表 1-3-2 电机绕组包绕用绝缘材料

主要用途	各绝缘材料名称及绝缘等级		
	E级(120℃)	B级(130℃)	F级(155℃)
包绕用绝缘	油性玻璃漆布带(2412)	①青醇酸玻璃漆布带(2430); ②醇酸玻璃漆布带(2432); ③环氧玻璃粉云母带(5483-1); ④钛改型环氧玻璃粉云母带(9541-1)	①硅有机玻璃漆布带(2450); ②聚酰亚胺玻璃漆布带(2560); ③聚酰亚胺薄膜; ④有机硅玻璃粉云母带(5450-1)

(3) 直流电机专用绝缘材料

见表 1-3-3。

表 1-3-3　直流电机专用绝缘材料

主要用途	各绝缘材料名称及绝缘等级		
	E 级(120℃)	B 级(130℃)	F 级(155℃)
换向片间绝缘		①虫胶换向片云母板(5535-2); ②环氧换向器粉云母板(5536-1)	磷酸胺换向器金云母板(5560-2)
换向器 V 型绝缘环		①虫胶塑型云母板(5231); ②环氧玻璃坯布	硅有机塑型云母板(5250)
换向器压制用料		酚醛定长玻璃纤维压塑料(4330)	聚胺酰亚胺定长玻璃纤维压塑料
刷架装置绝缘	①环氧玻璃丝布管(3640); ②环氧酚醛层压玻璃布板(3240)	①酚醛定长玻璃纤维压塑料(4330); ②环氧玻璃布管(3640); ③环氧酚醛层压玻璃布板(3240)	①聚胺酰亚胺定长玻璃纤维压塑料; ②环氧酚醛层压玻璃布板(3240); ③环氧玻璃布管(3640)

(4) 电机组件用绝缘材料

见表 1-3-4。

(5) 电机专用绝缘漆

为了提高绕组的耐潮、防腐性能,并提高机械强度、导热性和散热效果,延缓电机绕组绝缘老化等,可采用专用绝缘漆对电机进行浸漆绝缘处理。常用的电机专用绝缘漆用表 1-3-5 列出,以供选用。

表 1-3-4　电机组件用绝缘材料

主要用途	各绝缘材料名称及绝缘等级		
	E 级(120℃)	B 级(130℃)	F 级(155℃)
槽楔、垫条及出线板绝缘	①竹(经绝缘处理); ②酚醛层压板(3020~3023); ③酚醛塑料板(4010、4013)	①酚醛层压玻璃布板(3230); ②苯胺酚醛层压玻璃布板(33231); ③酚醛玻璃纤维压塑料(4330); ④MDB复合槽楔,用于直流电机; ⑤环氧酚醛层压玻璃布板(3240)	①环氧酚醛层压玻璃布板(3240); ②MDB复合槽楔
局部绑扎绝缘	聚酯绑扎带	聚酯绑扎带	环氧绑扎带
套管绝缘	①油性玻璃漆管(2714); ②糊状聚氯乙烯玻璃漆管(2731)	①醇胺玻璃漆管(2730); ②聚氯乙烯玻璃漆管(2731)	①有机硅玻璃漆管(2750); ②硅橡胶玻璃丝管(2751)
引接线	橡胶绝缘丁腈护套引接线(JBQ-500)	①橡胶绝缘丁腈护套引接线(JBQ-500); ②氯磺化聚乙烯橡皮绝缘引接线(JBYH-500); ③丁腈聚氯乙烯复合绝缘引接线(JBF-500)	①硅橡皮绝缘引接线(JHXG-500); ②乙丙橡胶绝缘引接线(JFEH-500)
绕组端部捆扎材料	①聚酯绑扎带; ②聚酯玻璃丝无纬带	聚酯玻璃丝无纬带(B-17)	环氧玻璃无纬带(F-17)

表 1-3-5　电机专用绝缘漆

主要用途	各绝缘材料名称及绝缘等级		
	E 级(120℃)	B 级(130℃)	F 级(155℃)
转子绕组浸渍漆	三聚氰胺醇酸漆(1032)	①环氧聚酯酚醛无溶剂漆(5152-2)； ②三聚氰胺醇酸漆(1032)	①不饱和聚酯无溶剂漆(319-2)； ②聚酯浸渍漆(155)； ③环氧聚酯无溶剂漆(EIU)； ④无溶剂漆(6985)
定子绕组浸渍漆	①三聚氰胺醇酸漆(1032)； ②环氧酯漆(1033)	①三聚氰胺醇酸漆(1032)； ②环氧聚酯酚醛无溶剂漆(5152-2)； ③环氧酯漆(1033)	①聚酯浸渍漆(155)； ②不饱和聚酯无溶剂漆(319-2)

(二)电磁线

电磁线也叫漆包线，它是一种具有漆膜作为绝缘层，在导电线芯上涂覆绝缘漆后烘干形成的，用于中小型电机绕组的导电材料。

(1) 常用圆铜线(裸)直径与截面积的换算

见表 1-3-6。

(2) 常用种类

通过表 1-3-7 列出电磁线常用种类的名称、型号、绝缘等级及规格。

表 1-3-6　常用圆铜线(裸)直径与截面积的换算

直径/mm	截面积/mm²	直径/mm	截面积/mm²	直径/mm	截面积/mm²	直径/mm	截面积/mm²	直径/mm	截面积/mm²
0.12	0.0113	0.33	0.0855	0.62	0.302	0.96	0.724	1.50	1.767
0.14	0.0154	0.35	0.0962	0.64	0.322	1.0	0.785	1.56	1.911
0.15	0.0117	0.38	0.1184	0.67	0.353	1.04	0.849	1.62	2.06
0.16	0.0201	0.41	0.1320	0.69	0.374	1.08	0.916	1.68	2.22
0.18	0.0255	0.44	0.1521	0.72	0.407	1.12	0.985	1.74	2.38
0.19	0.0284	0.47	0.1735	0.74	0.430	1.16	1.057	1.81	2.57
0.20	0.0314	0.49	0.1886	0.77	0.466	1.20	1.131	1.88	2.78
0.23	0.0415	0.51	0.204	0.80	0.503	1.25	1.227	1.95	2.99
0.25	0.0491	0.53	0.221	0.83	0.541	1.30	1.327	2.02	3.2
0.27	0.0573	0.55	0.238	0.86	0.581	1.35	1.431	2.1	3.46
0.29	0.0661	0.57	0.255	0.90	0.636	1.40	1.539	2.26	4.01
0.31	0.0755	0.59	0.273	0.93	0.679	1.45	1.651	2.44	4.68

表 1-3-7　电机绕组用电磁线名称、型号、绝缘等级及规格

名　　称	型　号	绝缘等级	规格范围/mm
缩醛漆包圆铜线	QQ-1、QQ-2	E (120℃)	0.02～2.50
缩醛漆包彩色线	QQS-1、QQS-2		
聚氨酯漆圆铜线(包括彩色)	QA-1、QA-2		0.015～1.00
环氧漆包铜线	QH-1、QH-2		0.06～2.50
单玻璃丝包缩醛漆包圆铜线	QQSBC		0.53～2.50
缩醛漆包扁线	QQB		a 边 0.8～5.6　b 边 2.0～18
聚酯漆包圆铜线	QZ-1、QZ-2	B (130℃)	0.02～2.50
聚酯漆包圆铝线	QZL-1、QZL-2		0.06～2.50

续表

名　　称	型　　号	绝缘等级	规格范围/mm
聚酯漆包自黏性电磁线	QZN	B (130℃)	
单玻璃丝包聚酯漆包圆铜线	QZSBC	B (130℃)	0.53～2.50
双玻璃丝包圆铜线	SBEC	B (130℃)	0.25～6.0
聚酯漆包扁铜线	QZB	B (130℃)	a边 0.8～5.6　b边 2.0～18
单玻璃丝包聚酯漆包圆铜线	QZSBCB	B (130℃)	a边 0.9～5.6　b边 2.0～18
聚酰亚胺漆包圆铜线	QZY-1、QZY-2	F (155℃)	0.06～2.50
单玻璃丝聚酯亚胺漆包扁铜线	QZYSBFB	F (155℃)	
聚酰亚胺漆包圆铜线	QY-1、QY-2	H (180℃)	0.02～2.50
聚酰胺酰亚胺漆包圆铜线	QXY-1、QXY-2	H (180℃)	0.06～2.50
有机硅双玻璃丝包圆铜线	SBEC	H (180℃)	0.25～0.6
聚酰胺酰亚胺漆包圆铜线	QXY-1、QXY-2	C (≥180℃)	0.06～2.50
聚酰亚胺漆包圆铜线	QY-1、QY-2	C (≥180℃)	0.02～2.50
聚酰亚胺薄膜绕包圆铜线	Y	C (≥180℃)	

(三) 常用绝缘材料与电磁线的组合形式

上述为电机嵌线时常用的材料,在使用时根据电机绝缘等级的要求,其绝缘材料与电磁线间存在着某种配用组合,见表1-3-8所示。

表1-3-8　电机常用绝缘材料与电磁线的组合形式参考表

绝缘等级	电磁线型号	槽绝缘	包绕用绝缘	过线绝缘	槽楔、垫条	引出线	浸渍漆
E 120℃	QQ-2、QQB、QQL-2、QQLB等,缩醛漆包线	聚酯薄膜玻璃漆布复合箔6530、聚酯薄膜绝缘纸复合箔6520、聚酯薄膜青壳纸2920	油性玻璃漆布22412	油性玻璃漆管2714	竹（经处理）、酚醛层压纸板3020、3023、酚醛塑料4010、4013	JBQ型丁腈橡胶绝缘护套引接线	三聚氰胺醇酸漆1032
B 130℃	QZ-2、QZB、QZL-2型聚酯漆包线	聚酯薄膜玻璃漆布复合箔6530、聚酯薄膜、聚酯纤维纸复合箔DMD、DMDM	沥青醇酸玻璃漆布2430、醇酸玻璃漆布2432、环氧玻璃漆布2433、环氧玻璃云母带5438-1	醇酸玻璃漆管2730	酚醛层压玻璃布板3230、苯胺酚醛压玻璃布板3231、酚醛玻璃纤维压塑料4330	JBYH型氯磺化聚乙烯橡胶绝缘引接线	三聚氰胺醇酸漆1032、环氧酯酚醛无溶剂漆5152
F 155℃	QZY-2、QZYB聚酯亚胺漆包线	聚酰胺纤维纸复合箔NMN	聚苯酯薄膜、聚酰亚胺玻璃漆布2560	有机硅玻璃漆管2750、硅橡胶玻璃丝管2751	环氧酚醛层压玻璃布板33240	JFEH型乙丙橡胶绝缘引接线	聚酯浸渍漆155、不饱和聚酯无溶剂漆319-2
H 180℃	QY-2型聚酰亚胺漆包线	聚酯纤维纸复合箔	聚酰亚胺薄膜		聚酰亚胺层压玻璃布板	JHS型硅橡胶绝缘引接线	有机硅浸渍漆1053W30-1

三、实训要求

① 识别嵌线专用工具,弄清用途。

② 每组自制裁纸刀、划线片各一把。
③ 使用外径千分尺测量三根不同线径的漆包圆铜线。
④ 识别出由指导老师提供的三种常用绝缘材料。

四、实训记录

① (a) 工具名称＿＿＿＿＿＿；用于＿＿＿＿＿＿＿＿＿＿＿＿。
　　(b) 工具名称＿＿＿＿＿＿；用于＿＿＿＿＿＿＿＿＿＿＿＿。
② 自制裁纸刀打号＿＿＿＿，燕尾角＿＿＿＿。自制划线片打号＿＿＿＿。
③ a 线测得直径 d 为＿＿＿＿＿mm，除去绝缘漆膜后，测得直径 d 为＿＿＿＿＿mm。
　　b 线测得直径 d 为＿＿＿＿＿mm，除去绝缘漆膜后，测得直径 d 为＿＿＿＿＿mm。
　　c 线测得直径 d 为＿＿＿＿＿mm，除去绝缘漆膜后，测得直径 d 为＿＿＿＿＿mm。
④ 绝缘材料 a 为＿＿＿＿＿＿；b 为＿＿＿＿＿＿；c 为＿＿＿＿＿＿；主要用于＿＿＿＿＿＿＿＿＿＿＿＿＿＿＿＿和＿＿＿＿＿＿＿＿＿。

五、实训考核

见表 1-3-9。

表 1-3-9　实训项目量化考核表

项　目	评定要求	配分	扣分标准	得分
识别工具	答对工具的功能及用途	10 分	每答错一项扣 5 分	
裁纸刀制作	裁纸刀刃口锋利而其他处光滑，刃口角度合适，手柄处聚乙烯带缠绕均匀	50 分	有刮手处每处扣 5 分；刃口角度过大扣 10 分；无法裁纸扣 30 分；裁纸不利扣 20 分	
测量线径	外径千分尺握法正确，测量准确	30 分	每测错一项扣 10 分，允许误差±0.02mm	
识别材料	对基本材料能答出名称及用途	10 分	每答错一项扣 5 分	
时　限	在规定时间内完成		每超时 10min 扣 5 分	
安全文明操作	每违反一次扣 10 分		指导教师（签字）	

实训四　异步电机绕组重绕预备工序

异步电机绕组重绕预备工序包括：绕组原始数据的记录、绕组的拆除与清理、线圈的绕制和绝缘件的裁剪等。

一、绕组原始数据的记录

原始数据记录是修理电机重要的基本技术资料，是确定绕线模尺寸、选用线径、绕制绕组形式及复算的依据。在拆除绕组前开始填写原始记录，一直贯彻到拆除绕组终止，将记录数据贯穿整个拆除全过程。

原始记录要经过 3 级检查制，即自检、互检和专检。

（一）原始数据记录的内容

原始数据的内容有铭牌数据、绕组数据和铁芯数据三类，将测量所得数据认真填写在记录表中。如表 1-4-1 三相异步电机原始数据记录表和表 1-4-2 单相异步电机原始数据记录表。

表 1-4-1　三相异步电机原始数据记录表

型　号		功率/kW		转速/(r/min)			故障现象、原因及检修措施
电压/V		电流/A		绝缘等级		接法	
绝缘材料	槽绝缘材料		绕组数据	每槽导线数		定子槽数	
	槽绝缘厚度			导线型号		形式	
铁芯数据	定子铁芯内径			线圈匝数		节距	
	定子铁芯外径			并绕根数		线径	
	定子铁芯长度			并联支路数		伸出铁芯长度	
	槽形尺寸			旧线重量/kg			
	转子铁芯外径			引出线与机座的相对位置			
绕组接线草图							
记录日期		记录者		检查者		编号	

表 1-4-2　单相异步电机原始数据记录表

型　号		功率/kW		电压/V		型　式	
用　途		转速/(r/min)		电流/A		绝缘等级	
电容器容量		电容耐压		生产厂家			
	绕组形式	节距槽号	线圈匝数	线径	绕组接线图		
工作绕组							
起动绕组							
调速绕组							
记录时间		记录者		检查者		编号	

对于铭牌数据可直接填入数据记录表格中，其余数据记录则要在拆除过程中进行。由于绕组的结构和接线的复杂性，拆换电机绕组前，必须先对各种绕组的构成及特征有一定的了

解和认识，才能掌握拆换绕组工艺。

(二) 判别绕组的结构形式

1. 单层绕组

绕组总线圈数为定子槽数的一半，即

$$W = \frac{1}{2}Z$$

式中　W——绕组总线圈数。

2. 双层绕组

绕组总线圈数与定子槽数等同，即

$$W = Z$$

3. 显极式布线

一相绕组相邻两线圈（组）的跨接线为"头接头"、"尾接尾"；或极相组数（线圈组数）为偶数绕组。

4. 庶极式布线

一相绕组相邻两线圈（组）的跨接线为"头接尾"、"尾接头"；或极相组数（线圈组数）为奇数绕组。

(三) 判别极数

1. 看铭牌

可直接从电机铭牌的型号中看出，如 Y132L-2 中的最后一个"2"即表示二极。也可从铭牌中的转速参数推算出

$$2p = 2 \times \frac{60f}{n} \text{（取整）}$$

2. 查结构

铭牌已失落的电机，可查看绕组结构后，由线圈节距 y 推算出

$$2p = \frac{Z}{y} \text{（向下取整取偶）}$$

3. 万用表判断

将电机六个接线头分开，将万用表打在最小直流毫安挡，用表笔接在其中一相绕组的两个线头，用手缓慢、匀速地转动电机一圈，观察表针的摆动次数。若摆动一次，则电机为 2 极，若摆动两次，则电机为 4 极，以此类推。

(四) 判别绕组节距

绕组节距 y 就是线圈的两有效边跨越的定子铁芯槽数。在拆除旧绕组时可直接数出，要注意绕组有等节距与不等节距之分，故查看应仔细，并分别记入表中。

(五) 判别线圈并绕根数和线圈匝数

1. 线圈并绕根数 N_a

将两线圈组间的连接线明显进入线圈端头处剪断，数出的导线根数就是线圈并绕根数 N_a。

2. 线圈匝数 N

每个线圈导线根数除以并绕根数，即为线圈匝数 N。

(六) 判别并联支路对数与接法

1. 并联支路数 a

将某相绕组与电源引出线连接的端线处剪断，数出相绕组端线处的导线根数，再除以并绕根数即为并联支路数 a。

2. 接法

机座接线盒中只有三根电源引出线时，就从机壳内找另三根相线的接头，找到后剥开绝缘，看是否有三根导线在一起并头，若有，则绕组为 Y 接；否则，为 △ 接。

若机座接线盒中有六根引出线时，连接片横一字接通三个接线柱为 Y 接，三个连接片分别竖直接通上下两个接线柱时为 △ 接。

(七) 测量导线直径

取绕组的直线部分，把导线放在酒精灯火焰上烧去绝缘层，用棉布抹去碳化物，然后用千分尺测量导线直径，对同一根导线应在不同位置分别测三次，取其平均值。注意：应多测量几根导线；另外除绝缘层时，严禁用刀刮。

二、绕组的拆除与清理

(一) 绕组的拆除

由于电机绕组经过浸漆、烘干等处理，故不易拆除。为了便于拆除，先得软化或烧掉绝缘层，过去曾采用火烧法、化学溶剂法等，这样破坏了硅钢片的片间绝缘，既增加了涡流损耗，又会造成铁芯松弛，导致铁芯性能变差，另外化学溶剂对人体有害，还影响环保，目前已极少采用。现最常用的是冲压拆线法，此法又分为热拆法和冷拆法。

1. 冲压热拆法

用单面平凿沿铁芯端面将绕组引出线一端的线圈端部平槽口凿断（保留整个端部作记录用），凿下的线圈部分呈轮箍状。然后将定子送入烘箱，加热到约160℃左右，取出后把定子沿边架空，被凿面向上，将冲压棒对准槽中导线，用手锤敲击冲压棒顶端，使线圈直线部分从另一端逐步退出。操作时要顺次循环冲压，最后将线圈整体退出槽外，如图1-4-1所示。

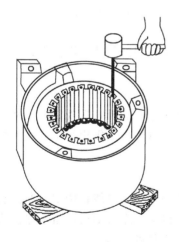

图 1-4-1 冲压热拆法

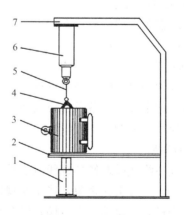

图 1-4-2 立式拆线机示意图
1—托起油缸；2—机座；3—电机定子；4—绕组；5—钢丝绳；6—起升油缸；7—机架

冲压棒是用一根矩形截面的钢材，磨成截面近似于被拆电机槽形，且略小于槽截面的棒状工具，其长度应长于铁芯长度。

若条件允许，利用机械拆除电机绕组效果更好。操作时先将绕组一端导线平槽口凿断，然后进行加热，再利用电动或手动拆线机从另一端把线圈从槽中逐一抽拉出来，见图 1-4-2 立式拆线机示意图。

2. 冲压冷拆法

当电机的线圈满槽率不高时，将绕组一端导线平槽口凿断后，可不用加热，直接用冲压棒冲压槽中导线，直到退出。

(二) 铁芯清理与修整

1. 槽内残存绝缘物的清理

绕组拆除后，由于绝缘漆的粘结作用，绝缘物会残留在槽内，用烧热的铁条穿入槽内烧焦残余绝缘纸，再用清槽片清刮槽，最后用撕成条状的钢砂布条来回在槽中拉动，将残余物清理干净。

2. 铁芯冲片位移的修整

拆线时可能造成槽口的槽齿硅钢片变形或移位，导致嵌线困难或损伤绝缘层。通常用一铜棒压在变形部位，用手锤敲铜棒，使硅钢片复位。对损伤严重的槽齿片也可去掉一两片。

3. 铁芯槽口的修整

对槽口的毛刺，应用细牙圆锉逐一锉光。

三、线圈的绕制和绝缘件的裁剪

(一) 线圈的绕制

绕线时首先用旧线圈样品的尺寸来确定活动绕线模的尺寸，活动绕线模绕制的线圈周长允许略大于旧线圈周长 10mm 左右，而小于旧线圈周长 10mm 是不允许的，最好维持原线圈周长的尺寸。线圈绕制过程是在绕线机上进行的，其绕制工序如下。

1. 核对导线数据

对导线的型号、线径和并绕根数检查核实后，将漆包线盘置于放线架上。

2. 确定线圈尺寸

将绕线模装入绕线机后并固定，调整绕线模大小以确定线圈尺寸，再检查并调整计数器置零，见图 1-4-3（a）。

3. 确定线圈的匝数及个数

从放线架抽出导线，平行排列（并绕时）穿过浸蜡毛毡夹线板，按规定的规格，根据一次连绕线圈的个数、组数及并绕根数剪制绝缘套管若干段（段数由极相组中的线圈个数定），依次套入导线。见图 1-4-4。

4. 线圈绕制

线头挂在绕线模左侧的绕线机主轴上，线嵌入绕线模槽中，导线在槽中自左向右排列整齐、紧密，不得有交叉现象，待绕至规定的匝数为止。绕完一个线圈后，留出连接线再向右移到另一个模芯上绕第二个线圈；线头预留长度为线圈周长的一半。

绕线时除微电机的小线圈用绕线机摇把操作外，一般绕制 $\phi 0.6mm$ 以上导线的线圈均不用摇把操作，而用一只手盘转线模，另一只手除辅助盘车外，还负责把导线排列整齐，不交叉重叠。

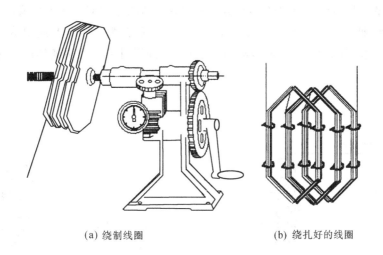

(a) 绕制线圈　　　　　　　(b) 绕扎好的线圈

图 1-4-3　绕线圈

5. 线圈的绑扎

绕到规定匝数后，用预先备好的扎线（棉线绳，长度均 10～15cm）将线圈扎紧，线圈的头尾分别留出 1/3 匝的长度再剪断，以备连接线用，见图 1-4-3(b)。

6. 绕制结束

将线模从绕线机上卸下，退出线圈再进行下次绕线。

注意：绕制不等节距的线圈组时，应将最小节距的线圈列为第 1 只，其他顺次排列绕制线圈。

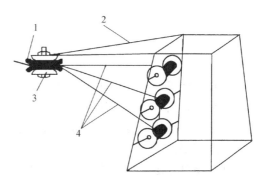

图 1-4-4　放线

1—毛毡；2—拉线；3—层压板；4—铜线

(二) 绝缘件的裁剪

电机的绝缘件主要是指槽绝缘、层间绝缘、端部绝缘和槽口绝缘。这些绝缘件的材料都是由绝缘纸制成。

1. 槽绝缘

对于大功率电机一般采用二层槽绝缘，紧贴槽的外层用 0.15mm 厚的青壳绝缘纸或聚酯薄膜；里层用 0.15mm 厚的聚酯纤维纸复合箔 DMDM。

对于小功率电机可只用一层槽绝缘，0.2mm 或 0.25mm 厚的薄膜青壳纸或聚酯纤维纸复合箔 DMDM。

槽绝缘长度一般要求伸出铁芯，两端均匀，以保证绕组对铁芯有足够的爬电距离。其伸出铁芯长度要根据电机容量而定，Y80～Y280 系列电机槽绝缘伸出铁芯长度可参考表1-4-3。J2、JO2 系列电机槽绝缘伸出铁芯长度，可参照 Y 系列的。

表 1-4-3　Y80～Y280 系列电机的槽绝缘伸出铁芯长度

中心高/mm	80～112	132～160	180～280
伸出长度/mm	6～7	7～10	12～15

对宽度来说，若是里外两层的，外层的宽度只要纸的左右下三面紧贴槽壁，而上面正好比槽口缩进一些即可。里层的宽度则要使纸的三面紧贴槽壁外，上面要高出槽口约5～10mm，以便嵌线时使导线能从高出槽口的两片纸中间滑进去，起引槽作用，见图1-4-5（a）所示。

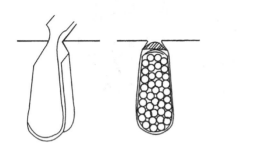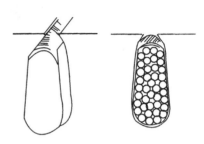

(a) 槽口处压叠、自带引槽纸　　　　　　(b) 槽口处覆盖、外加引槽纸

图1-4-5　槽绝缘示意图

另一种可使里外两层的宽度相同，都让纸的三面紧贴槽壁，上面正好比槽口缩进些。

在嵌线时，槽口插入二片宽度约20mm薄膜青壳纸，临时引导线滑进槽里，当导线嵌满槽后，抽出二纸片，再插入裁剪好的绝缘纸条覆盖槽口，见图1-4-5（b）。

2. 层间绝缘

层间绝缘是双层绕组槽内上、下层线圈的隔电绝缘，其材质和厚度一般可与槽绝缘相同。由于槽内层间是相间电压，为了防止层间线圈短路，层间绝缘纸的宽度一定要可靠地包住下层线圈边。长度应比槽绝缘长度略长一点。

3. 端部绝缘

绕组端部绝缘是相间绝缘，对极相线圈组之间绝缘。其形状如半月形，大小要求能隔开整个极相组线圈的端部，裁剪时放大些，待整形时将多余部分修剪掉。其材质与槽绝缘相同。

4. 槽口绝缘

槽口绝缘件就是槽楔，槽楔是在封口绝缘后加在槽口内的压紧件，以阻止槽内导线滑出槽外和保护导线不致因电动力而松动。通常是用竹或环氧树脂板作材料，横截面为圆冠形，大小要与槽口内侧相吻合，长度略短于槽绝缘3mm。

5. 裁剪要求

① 裁剪玻璃丝漆布时应与纤维方向成45°角裁剪，这样不宜在槽口处撕裂；

② 裁剪绝缘纸时，应使纤维方向（即压延方向）与槽绝缘和层间绝缘的宽度方向（长边）相一致，以免造成折叠封口时的困难。

四、实训要求

① 两人一组拆除一台电机旧绕组，并清理和修整铁芯槽。

② 依据所拆电机旧绕组的数据，绕制出一套电机新绕组。

③ 裁剪出一套电机的槽绝缘和端部绝缘。

④ 备好槽楔。

五、实训记录

① 将所修电机的旧绕组原始数据记录于表 1-4-1 或表 1-4-2 中。

② 极数的判别依据为＿＿＿。

③ 并联支路数判别依据为＿＿＿。

④ 节距判别依据为＿＿＿。

⑤ 绕组形式判别依据为＿＿。

⑥ 冲压拆线法的工艺要点＿＿＿。

六、实训考核

见表 1-4-4。

表 1-4-4 实训项目量化考核表

项目	考核要求	配分	扣分标准	得分
原始数据记录	原始数据记录客观、准确；对有问题的数据能提出疑问；掌握记录原始数据的方法	30 分	每填错或空一项扣 2 分	
绕组拆除与清理	绕组拆除所用方法得当；使用工具手法正确；拆除的旧线圈不太凌乱，有利数据记录；定子铁芯槽内整洁、无残余物；槽口无变形槽片、无毛刺	30 分	绕组拆除不在规定的时间内完成，每超时 10min 扣 5 分；拆除的线圈凌乱无法记录数据扣 10 分；定子铁芯槽清理不净的每槽扣 2 分；铁芯片变形或移位不修复每片扣 2 分	
线圈绕制	线圈绕制正确；排列整齐、紧密、无交叉现象；绕制的线圈尺寸合适；没有多匝或少匝的现象；线圈组连绕过桥线长度合适且有绝缘套管	30 分	线圈绕制不正确扣 10 分；绕制不整齐每个扣 5 分；线圈绕制大扣 10 分，过小扣 5 分；线圈匝数出错一匝扣 1 分；双线圈单个绕制每次扣 5 分	
绝缘件裁剪	槽绝缘纸裁剪的尺寸合适，纹路正确；无多裁剪的现象	10 分	槽绝缘纸过长扣 5 分，过宽扣 5 分；每多裁剪一张扣 2 分；裁剪的纹路错误每张扣 2 分	
安全文明操作	每违反安全文明操作一次扣 20 分			
指导教师（签字）				

实训五 异步电机绕组的嵌线工艺

嵌线是电机绕组重绕工艺中十分重要的环节，同时又是一项细致工作，为了便于嵌线工艺的叙述，首先介绍一些嵌线操作的专用术语。

一、嵌线操作的专用术语

1. 线圈（组）引出线

每个线圈（组）都有两根引出线，分别称为头、尾端。嵌线时，线圈（组）引出线必须从定子的出线孔一侧引出，通常出线孔的一侧应置于操作者右边。

2. 上层边与下层边

双层绕组中一个线圈的两个有效边，先嵌入的有效边处于槽内的下层，称为下层边或底边；另一边则称为上层边。

3. 浮边与沉边

单层绕组在槽中没有层次之分，但先嵌入的有效边端部被后嵌入的有效边端部所叠压，故先嵌入的有效边称之为沉边，而后嵌入的边浮现在表面，就称为浮边。

4. 交叠法

交叠法是指在嵌线中，一个线圈的某一有效边先嵌入，而另一有效边暂不能嵌入，当该槽下层边（对双层绕组）或前槽沉边（对单层绕组）嵌入后，方可将此边嵌入。其绕组端部的分布呈层次交叠状。

5. 整嵌法

整嵌法是指嵌线时，线圈的两有效边相继同批次嵌入相应两槽，其绕组端部的分布呈明显的"两平面"或"三平面"状。

6. 吊边

在采用交叠法嵌线时，线圈一有效边先嵌入槽后，另一有效边要等该槽下层边或前槽沉边嵌入后方能嵌线。在未能嵌入之前，为了防止它与铁芯摩擦损伤，故需将其垫起或吊起，即称为吊边。

7. 退式嵌线

当嵌入某线圈边后，再嵌入下槽时，是采用后退式。即单独嵌线时，电机定子是水平平行于操作者面前放置的，线圈往前倒，嵌线进程是向人怀里退。

二、嵌线方法

1. 放置槽绝缘

将已裁剪好的槽绝缘纸纵向折成"U"形插入槽中，绝缘纸光面向里，便于向槽内嵌线。

2. 线圈的整理

（1）缩宽　用两手的拇指和食指分别拉压线圈直线转角部位，将线圈宽度压缩到能进入定子内膛而不碰触铁芯。也可将线圈横立并垂直于台面，用双手扶着线圈向下压缩。

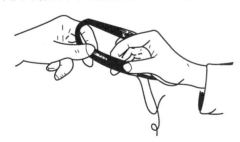

图 1-5-1　线圈的捏扁梳理示意

（2）扭转　解开欲嵌放线圈有效边的扎线，左手拇指和食指捏住直线边靠转角处，同样用右手指捏住上层边相应部位，将两边同向扭转，使线圈边导线扭向一面。

（3）捏扁　将右手移到下层边与左手配合，尽量将下层直线边靠转角处捏扁，然后左手不动，右手指边捏边向下搓，使下层边梳理成扁平的刀状，见图1-5-1所示。如扁平度不够，可多搓捏几次。

3. 沉边（或下层边）的嵌入

右手将搓捏扁后的线圈有效边后端倾斜靠向铁芯端面槽口，左手从定子另一端伸入接住

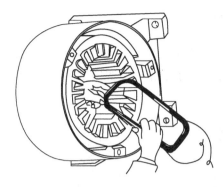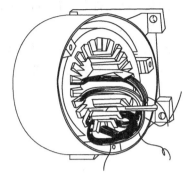

图 1-5-2　下层边的嵌线方法

线圈,如图 1-5-2 所示。双手把有效边靠左段尽量压入槽口内,然后左手慢慢向左拉动,右手既要防止槽口导线滑出,又要梳理后边的导线,边推边压,双手来回扯动,使导线有效边全部嵌入槽内。如果尚有未嵌入的导线有效边部分,可用划线片将该部分逐根划入槽内。导线嵌入后,用划线片将槽内导线从槽的一端连续划到另一端,一定要划出头。这种梳理方式的目的,是为了槽内导线整齐平行,不交叉。然后再把层间绝缘(对双层绕组)折成"∩"形,插入槽口包住槽内导线。对线圈未嵌入的另一有效边则采取吊边。

4. 浮边(或上层边)的嵌入

嵌过若干槽的沉边(或下层边)后,由嵌线规律得知,就要嵌入浮边,当嵌入第一个浮边后,以后再嵌入的线圈就能进行整嵌,而不用吊边。在浮边嵌入前要把此边略提起,双手拉直、捏扁理顺,并放置槽口。再用左手在槽左端将导线定于槽口,右手用划线片反复顺槽口边自左向右划动,逐一将导线劈入槽内。在槽内导线将满时,可能影响嵌线的继续进行,此时,只要用双拇指在两侧按压已入槽的线圈端部,接着划线片通划几下理顺槽内导线,把余下的导线又可划入槽内。也可将压线条从一侧捅入并出到另一侧,再用双拇指在两侧按压压线条两端,按压后抽出压线条,接着余下的导线又可顺利地划入槽内。

上层边的嵌入与浮边雷同,只是在嵌线前先用压线块在层间绝缘上撬压一遍,将松散的导线压实,并检查绝缘纸的位置,然后再开始嵌入上层边。

注意事项:嵌入一把完整的线圈后,应及时整理线圈,可用双手握着线圈的端部向下压,如图 1-5-3 所示,线圈的端部要压到略低于铁芯面,这样有利于嵌入后一把线圈。

5. 封槽口

导线嵌入槽后,先用压线块或压线条将槽内的导线压实,方可进行封口操作。其操作过程如下。

(1) 压线

用压线块从槽口一侧边进边撬压到另一侧,使整个槽内的导线被挤压,形成密实排列;也可用压线条从槽口一端捅穿到另一端,让压线条嵌压在整个槽口上,再用双掌按压压线条的两头,从而压实槽内导线。保证导线不弹出槽口。

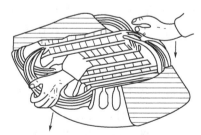

图 1-5-3　线圈整理

注意:压线块或压线条只能压线,不能压折绝缘纸。见图 1-5-4(a) 所示。

(2) 裁纸

保留嵌压在整个槽口内的压线条不动,用裁纸刀把凸出槽口的绝缘纸平槽口从一端推裁到另一端,即裁去凸出部分。然后再退出压线条。

(3) 包折绝缘纸

退出压线条后,用划线片把槽口左边的绝缘纸折入槽内右边,压线条同时跟进,划线片在前折,压线条在后压,压到另一端为止;对槽口右边的绝缘纸也用此法操作。见图1-5-4(b)所示。

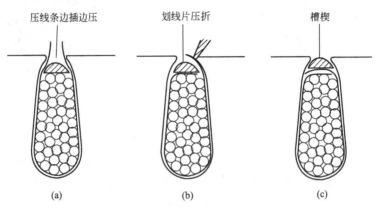

图1-5-4 封槽口操作

(4) 封口 在退出压线条的同时,槽楔有倒角的一端从其退出侧顺势推入,完成封口操作。见图1-5-4(c)所示。

三、嵌线规律

(一) 三相单层绕组

三相单层绕组常见形式有等宽度式、交叉式、同心式等,不同的形式有不同的嵌线规律,但基本的嵌线规律是相同的。

1. 嵌线的基本规律

规律一:线圈嵌线后的分布为"一边倒",呈多米诺骨牌推倒状;

规律二:每次连续嵌线槽数 $x \leqslant q$(每极相槽数);

规律三:吊边数 $y = q$(每极相槽数);

规律四:"嵌槽-空槽"为一个操作周期,而每个操作周期所占槽数 $t = q$(每极相槽数)。

2. 单层等宽度式绕组

以三相4极24槽60°相带绕组为例,经计算 $q=2$,即一组为两个线圈。由规律二得知,每次连续嵌线槽数 $x \leqslant 2$;由规律三反映出吊边数 $y=2$;从规律四获得每个操作周期 $t=2$。

当 $x=1$ 时,其嵌线规律为:

嵌1槽,吊1边,空1槽;

嵌1槽,收1边,空1槽;

重复最后这个程序,直到嵌线结束。

当 $x=2$ 时,其嵌线规律为:

嵌2槽,吊2边,空2槽;

嵌2槽,收2边,空2槽;

重复最后程序,直到嵌线结束。

通过图1-5-5所示,可直观地看出单层等宽度式绕组线圈,嵌线后的分布完全满足上述规律,当 $x \leqslant q$、$y=q$、$t=q$ 时,归纳单层等宽度式绕组嵌线规律:

嵌 x 槽,吊 x 边,空 x 槽;

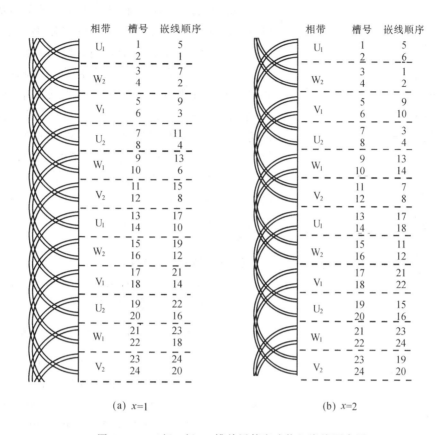

图 1-5-5 三相 4 极 24 槽单层等宽式绕组嵌线顺序图

嵌 x 槽，吊 y 边，空 q 槽；

嵌 x 槽，收 x 边，空 q 槽。

重复最后一个程序，直到嵌线结束。

3. 单层交叉式绕组

以三相 4 极 36 槽 60°相带绕组为例，得知 $q=3$，依照嵌线规律，$x\leqslant 3$（规律二）、$y=3$（规律三）、$t=3$（规律四），其具体嵌线规律为：

嵌 2 槽，吊 2 边，空 1 槽；

嵌 1 槽，吊 1 边，空 2 槽；

嵌 2 槽，收 2 边，空 1 槽；

嵌 1 槽，收 1 边，空 2 槽。

重复后两个程序，直到嵌线结束，嵌线顺序见图 1-5-6 所示。

归纳任意 q 值的交叉式绕组，当 $x\leqslant 3$ 的整数时，其一般嵌线规律是：

嵌 x 槽，吊 x 边，空 $(q-x)$ 槽；

嵌 $(q-x)$ 槽，吊 $(q-x)$ 边，空 x 槽；

嵌 x 槽，收 x 边，空 $(q-x)$ 槽；

嵌 $(q-x)$ 槽，收 $(q-x)$ 边，空 x 槽；

重复后两个程序直到收完所有边，嵌线结束。

4. 单层同心式绕组

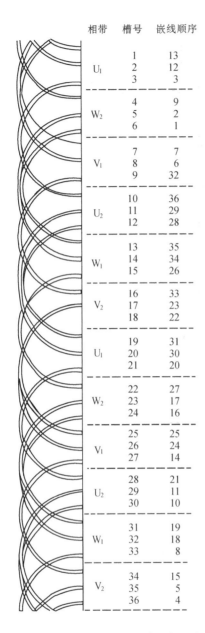

图 1-5-6 三相 4 极 36 槽单层交叉式
绕组嵌线顺序图

同心式绕组同样可采用前述的空槽吊边法嵌线，但在实际操作中为了方便，通常采用整嵌法，即分层嵌线。当极对数 p 为偶数时，绕组线圈端部分成两层，构成"双平面"。其中每层有每一相的一个线圈组；当极对数 p 为奇数时，绕组线圈端部形成了"三平面"，三相绕组各占一层。虽然这种整嵌法工艺简单，但为了整形需要，各层端部长度不可能相等，因而三相参数不均衡，影响了电气性能。

在对电气性能要求较高的场合，只能采用空槽吊边法，用交叉式绕组的嵌线规律，使三相端部长度相等，保证了三相绕组参数均衡。其实也就成交叉式绕组了。

（二）三相双层绕组

三相大中型电机通常采用双层绕组嵌线，线圈交叠，更加突出地反映了嵌线规律一的内容。按 $y=\frac{5}{6}\tau$ 算出双层线圈短节距 y，它的嵌线规律为：

连嵌 y 个下层边，连吊 y 个上层边；

从 $(y+1)$ 槽起，嵌 1 下层边，收 1 上层边。重复后两个程序直到最后连收 $(y+1)$ 边结束。

以三相 4 极 36 槽双层叠式绕组为例，用嵌线顺序规律表 1-5-1 说明其嵌线规律。

（三）三相单、双层绕组

三相单、双层绕组是由叠式短距绕组演变而来的一种性能较好的绕组形式。它是将双层叠绕组的上下层同相有效边合并成一只单层大线圈边，所以，线圈总匝数比双层绕组少，嵌线方便省时。而且线圈可采用短节距，保留了双层短距绕组能消除高次谐波，改善电磁性能等优点，是一种比较先进的绕组形式。其嵌线规律为：

嵌入小圈向后退，嵌、封大圈空 1 槽，又嵌、封小圈向后退；再嵌、封大圈空 1 槽，大圈单层小圈双。

循此规律，直到结束。

（四）单相正弦绕组

可遵循以下规律。

一组嵌线小为先，正弦主辅分层嵌，主在底层辅在面，同相双层嵌法异，上下层间隔绝缘。

四、实训要求

（1）依照绕组展开图，分析嵌线规律，填写嵌线顺序表 1-5-2～表 1-5-6。

表 1-5-1 双层叠式绕组嵌线顺序表

嵌线次序		1	2	3	4	5	6	7	8	9	10	11	12	13	14	15
嵌入槽号	下层	3	2	1		36	35	34	33	32		31		30		29
	上层									3		2		1		36
嵌线次序		16	17	18	19	20	21	22	23	24	25	26	27	28	29	30
嵌入槽号	下层	28		27		26		25		24		23		22		21
	上层		35		34		33		32		31		30		29	
嵌线次序		31	32	33	34	35	36	37	38	39	40	41	42	43	44	45
嵌入槽号	下层		20		19		18		17		16		15		14	
	上层	28		27		26		25		24		23		22		21
嵌线次序		46	47	48	49	50	51	52	53	54	55	56	57	58	59	60
嵌入槽号	下层	13		12		11		10		9		8		7		6
	上层		20		19		18		17		16		15		14	

嵌线次序		61	62	63	64	65	66	67	68	69	70	71	72	总线圈数 W	36
嵌入槽号	下层		5		4									极相槽数 q	3
	上层	13		12		11	10	9	8	7	6	5	4	极相组数 u	12
线圈节距 y		7			并联支路数 a				1			三相4极36槽双层叠式			

（2）按照嵌线工艺和规律，由指导教师指定电机绕组形式后，个人在接受指导的前提下，独立完成一台电机的嵌线工作。

五、实训记录

（1）详细填写下面的表 1-5-2～表 1-5-5 等嵌线顺序表。

表 1-5-2 三相单层叠式 24 槽 2 极绕组嵌线顺序表

嵌线次序		1	2	3	4	5	6	7	8	9	10	11	12	13	14	15	16	17	18
嵌入槽号	沉边																		
	浮边																		

嵌线次序		19	20	21	22	23	24	总线圈数 W	12	极距 τ	12	槽数	24
嵌入槽号	沉边							极相槽数 q	2	线圈节距 y	10	极对数	1
	浮边							极相组数 u	6	单层交叠嵌线法			

表 1-5-3 三相单层交叉式 36 槽 4 极绕组嵌线顺序表

嵌线次序		1	2	3	4	5	6	7	8	9	10	11	12	13	14	15	16	17	18
嵌入槽号	沉边																		
	浮边																		

嵌线次序		19	20	21	22	23	24	25	26	27	28	29	30	31	32	33	34	35	36
嵌入槽号	沉边																		
	浮边																		
极相槽数 q		3		极相组数 u		12		线圈节距 y				y_1（1~8）、y_2（1~9）						
总线圈数 W		18						单层交叉式										

表 1-5-4 三相双层叠式 24 槽 4 极绕组嵌线顺序表

嵌线次序		1	2	3	4	5	6	7	8	9	10	11	12	13	14	15	16	17	18
嵌入槽号	上层																		
	下层																		

续表

嵌线次序		19	20	21	22	23	24	25	26	27	28	29	30	31	32	33	34	35	36
嵌入槽号	上层																		
	下层																		
嵌线次序		37	38	39	40	41	42	43	44	45	46	47	48	总线圈数 W					
嵌入槽号	上层													线圈极距 q					
	下层													线圈节距 u					
极相槽数					极相组数							交叠嵌线法							

表 1-5-5　三相单双层混合式 36 槽 4 极绕组嵌线顺序表

嵌线次序		1	2	3	4	5	6	7	8	9	10	11	12	13	14	15
双层嵌入槽号	上层															
	下层															
单层嵌入槽号	沉边															
	浮边															
嵌线次序		16	17	18	19	20	21	22	23	24	25	26	27	28	29	30
双层嵌入槽号	上层															
	下层															
单层嵌入槽号	沉边															
	浮边															
嵌线次序		31	32	33	34	35	36	37	38	39	40	41	42	43	44	45
双层嵌入槽号	上层															
	下层															
单层嵌入槽号	沉边															
	浮边															
嵌线次序		46	47	48	总线圈 W		24	线圈节距 y								
双层嵌入槽号	上层				极相槽数 q		3	双层 $y_1=6$　单层 $y_2=8$								
	下层				极相组数 u		12									
单层嵌入槽号	沉边				交叠嵌线											
	浮边															

(2) 填写实际电机绕组嵌线顺序表（表 1-5-6）

表 1-5-6　实际电机绕组嵌线顺序表

嵌线次序		1	2	3	4	5	6	7	8	9	10	11	12	13	14	15	16	17	18
嵌入槽号	沉边																		
	浮边																		
嵌线次序		19	20	21	22	23	24	25	26	27	28	29	30	31	32	33	34	35	36
嵌入槽号	沉边																		
	浮边																		
总线圈数 W				极相组数 u			极相槽数 q			线圈节距 y									

(3) 实际嵌线电机的嵌线规律为：

　　嵌＿＿＿槽，吊（收）＿＿＿边，空＿＿＿槽；

　　嵌＿＿＿槽，吊＿＿＿边，空＿＿＿槽；

　　嵌＿＿＿槽，收＿＿＿边，空＿＿＿槽。

(4) 实际嵌线后的体会。

六、实训考核

见表表 1-5-7。

表 1-5-7　实训项目量化考核表

项　　目	考　核　要　求	配分	扣　分　标　准	得分
嵌线方法	嵌线方法正确,工具使用得当;嵌线工艺规范,动作要领基本掌握	30 分	嵌线工具使用不当,每件扣 2 分;嵌线方法不对每次扣 5 分;随机抽查一个线圈(两个有效边),限制时间(20min),每超 1min 扣 1 分	
嵌线规律	准确叙述实际嵌线电机的绕线规律,术语使用标准;嵌线规律应用正确	20 分	嵌线规律每错一次扣 5 分	
嵌线成型验收	绕组交叠规律正确;绕组两端面线圈平齐;槽绝缘纸无破损;槽楔长度合适	50 分	绕组交叠规律错一处扣 5 分;绕组两端面有一线圈不平齐扣 2 分;槽绝缘纸长或短于规定,每条扣 2 分;槽绝缘纸破损 1 个槽口扣 2 分;槽楔长或短于规定,每条扣 2 分;线圈整个放大扣 30 分	
安全文明操作	每违反安全文明操作一次扣 10 分			
指导教师(签字)				

实训六　异步电机绕组的接线、整形与绑扎

一、绕组的接线

在三相异步电机中产生旋转磁场不仅需要通入对称三相交流电,以保证电流在时间上的对称分布;还需在定子上构成对称三相绕组,使三相绕组在定子槽内相-相间隔 120°电角度,以实现空间对称分布;还要求每相绕组在定子铁芯上所占的总槽数相等,各相绕组的参数(线圈匝数、尺寸、线径、并联支路数)相同,以保证参数对称分布。

实现上述目的的具体工艺是:把已嵌好在定子槽中的一个个线圈连接成极相组(线圈组),然后再连接成一相组,最后将各相绕组的首末端引出。通过这种连接,来保证实现绕组在空间和参数上的对称分布。这种连接过程就称之为绕组的接线。

绕组接线分为一次接线和二次接线,一次接线就是将同一相中所有的线圈按一定规律连接起来成为一相组;二次接线就是电源线与相绕组间的连接,即引出线的连接。

(一)一次接线

一次接线可按 4 个步骤进行。

1. 划分相带,标出各相带中的电流正方向

三相对称绕组通常采用 60°电角度相带,只要将三相有效边在相邻一对磁极下能均匀地分为 6 个相带,即可满足三相对称绕组的构成原则,达到划分相带的目的。

相带的划分是以相带宽度为基本单元,一个相带所占的宽度等于每极相槽数 q,按 U_1-W_2-V_1-U_2-W_1-V_2 的顺序,对各槽中的线圈进行分配。U_1-W_2-V_1-U_2-W_1-V_2 为一对磁极下的 6 个相带,若电机磁极对数多增加一对,U_1-W_2-V_1-U_2-W_1-V_2 就多重复一次。然后在各相带上标定电流正方向,相邻相带电流正方向应相反。即:U_1、V_1、W_1 相带中的电流标为进(上),那 U_2、V_2、W_2 相带中的电流就标为出(下)。可在实际嵌线的电机绕组展开图中标出,也可在接线圆图上标出。如图 1-6-1 所示。

2. 连成极相组

就是把同一极相组的 q 个线圈串联接成一个极相组。串联时是采取"头接尾、尾接头"(庶极式)还是"头接头,尾接尾"(显极式),完全要以标出的同一极相组电流的正方向为准。串接

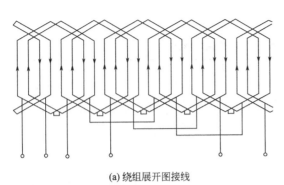
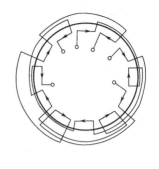

(a) 绕组展开图接线　　　　　　　　　(b) 圆图接线

图 1-6-1　一次接线图

好后,设电流从该极相组头(首)端进入线圈,沿导线循行整个极相组并从尾(末)端出来,与标定的电流正方向要正好一致,就为正确连接。对几个线圈一次绕好的极相组,可省去这一步骤。

3. 连成一相绕组

把同一相的几个极相组连成一个相绕组,连接的思路为:将同一相的所有相带一次连接,连接顺序按同相标注字母相带中的下标"1"接"2"、"2"连"1"的周期进行,如 U_1 接 U_2,U_2 连 U_1。连接点也可以同相相带中标定的电流正方向为准,即:进接出、出连进。整个一次接线过程如图 1-6-1 所示。

4. 并联支路的连接

通常对单层绕组来说,同一相绕组中的各相带依次串联,双层绕组中,同相相带之间可以是串联,也可以是并联,或串并联混合。

如何连接应以修理前拆除绕组时的记录为准,因为修理的目的是为了复原。若要进行并联支路的连接,其原则是:弄清并联支路数,将同一相的线圈组数等分为若干份,其份数要等于并联支路数,一份连成一条支路。各支路均顺着接线箭头方向连接,使各支路箭头均是由相头(首)到相尾(末)。最后进行并联,并联时除各支路线圈组数必须相等之外,还要注意各支路线圈组的方向必须一致。具体方法可采用底线与面线并联或底线与底线并联,如图 1-6-2 所示。

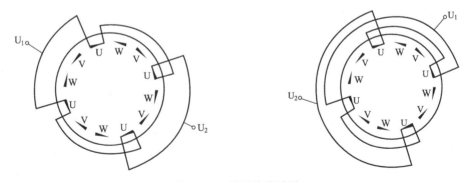

图 1-6-2　并联接线圆图

(二)二次接线

绕组的二次接线是将三相绕组首末端用橡胶绝缘丁腈护套引接线或蜡壳线引到接线盒内,即接引出线。主要有两个步骤。

1. 接引出线

把引出线接到接线盒中的接线柱上。

2. 进行首末端连接

以不同的颜色区别头尾,用 U_1、V_1、W_1 标明绕组的首端,用 U_2、V_2、W_2 标明绕组的末端。再根据要求接出△接或Y接。

接线盒中的接线柱位置如图 1-6-3 所示,各相绕组的首末端应按标记接在相应的位置上,三相绕组的首末端可同时对调。

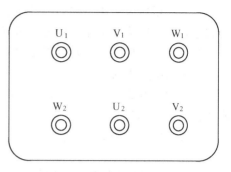

图 1-6-3 各相绕组首末端在接线盒中的位置

(三)接线工艺要点

1. 预接线

先将定子绕组的每个线圈引出线理顺,把应连在一起的线圈接头暂时绞接在一起(可先不刮漆)。三相均连好后,进一步检查连接的正确性。

2. 接线工艺过程

对连接正确的绕组,逐个松开绞接点,进行刮漆、再绞接、焊接,并处理接头绝缘。完成上述工艺过程后,将三相绕组的 6 个端头接电源引出线,再按要求引至接线盒中。

3. 注意要领

在一次接线中,接线的安排一定要整齐、牢固;在二次接线中,绕组的引出线位置应尽可能靠近接线盒,以便缩短引出线,节约材料。

绕组引出线要采用橡皮绝缘软导线或其他多股绝缘软铜线、蜡壳线等。其线径、规格可根据电机的额定功率或额定电流,再考虑一定的裕量,从表 1-6-1 中选用。也可参照电机原有引出线的规格选用。

表 1-6-1 电机绕组引出线规格

功率/kW	额定电流/A	导线横截面/mm²	可选用导线规格/(根/mm²)
0.35 以下	1.2 以下	0.3	16/0.15
0.6~1.1	1.6~2.7	0.7~0.8	40/0.15,19/0.23
1.5~2.2	3.6~5	1~1.2	7/0.43,19/0.26,32/0.2,40/0.19
2.8~4.5	6~10	1.7~2	32/0.26,37/0.26,40/0.25
5.5~7	11~15	2.5~3	19/0.41,48/0.26,7/0.7,56/0.26
7.5~10	15~20	4~5	49/0.32,19/0.52,63/0.32,7/0.9
13~20	25~40	10	19/0.28,7/1.33
22~30	44~47	15	49/0.64,133/0.39
40	77	23~25	19/1.28,98/0.58
55~75	105~145	35~40	19/1.51,133/0.58,19/1.68

绕组引出线要采用铜接头与接线端子连接,并用绝缘套管加强引出线端部绝缘。在端子连接时,一定要采用铜接线片使其接成 Y 接或△接。若为 Y 接就将图 1-6-3 中的某一横行接线柱用铜接线片连接起来;若为△接就将图 1-6-3 中的上下接线柱,用三个铜接线片分别竖列连接即可。

(四)线头焊接

一次接线与二次接线都要进行线头焊接,以避免线头连接处氧化,保证电机绕组长期安全运行。

1. 对线头焊接的技术要求

(1) 焊接要牢固　要有一定的机械强度，在电磁力和机械力的作用下不致脱焊、断线。

(2) 接触电阻要小　与同样截面的导线相比，电阻值应相等甚至更小，以免运行中产生局部过热。电阻值要求比较稳定，运行中无大变化。

(3) 焊接操作方便　要求焊接容易操作，不影响周围的绝缘，且其成本应尽可能低。

2. 焊接前的准备工作

(1) 配置套管　套管一般选用黄蜡管或玻璃丝漆管。因电机内部绕组温度较高，不能用耐热性能差的塑料管。

一般线圈引线的套管在绕线时已套上，接线时可根据情况决定套管的长度，在两段引出线上各套一段长度适当的较细套管，并在其中一根引线上再加套一根长度为40～80mm的较粗的套管，待接头焊完后，将粗套管移到焊接头处并套住焊接头和细套管，以加强绝缘和机械强度。如图1-6-4所示。

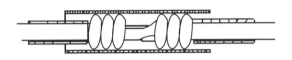

图1-6-4　引线套管

(2) 清除绝缘层或污物　在将要焊接的部位刮净绝缘漆皮，刮削时，导线要不断转动方向，使圆导线需焊接周围部分都能刮净，便于焊接。

(3) 搪锡　凡是采用锡焊的接头，为了保证焊接质量，在刮净焊头后，尽快涂上助焊剂，搪上焊锡。搪锡可用电烙铁，也可在熔融的锡槽里进行。

(4) 绞接与扎线　一般接线由于导线较细，可用线头直接绞合，要求绞合紧密、平整、可靠，如图1-6-5所示。

(a) 引接线　　　　　　　　　　　　(b) 单线绞合

图1-6-5　线头的绞接

当导线较粗时，可用直径为0.3～0.8mm的细铜线扎在线头上，如图1-6-6所示；

(五) 焊接工艺要点

在导线接头处如果只是互相绞合，不加焊接，在长时间的高温作用下，接触面更易氧化，使接触电阻更大，形成恶性循环，久而久之，必然烧坏接头。甚至涉及周围导线，造成绕组损坏。所以绕组接头必须进行可靠焊接，方能保证电机不因绕组接头损坏而影响整机工作。常用的焊接方法有熔焊和钎焊等。

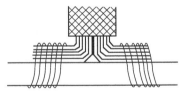

图1-6-6　用扎线连接

1. 熔焊

熔焊就是将被焊接的金属本体在焊接处加热熔化成液体，冷却后即成为一体。一般都采用低电压大电流的焊接变压器通电加热进行焊接，其二次侧电压可根据焊接导线截面大小进行调节，操作时将焊接变压器二次侧的一个头搭在要焊接的导线接头上，另一个头预先接上碳极，用碳极轻触线头，使其连续发生弧光。熔化后应迅速移去碳极，使导线熔成一个球形。碳极也可采用电阻大一些的硬质电刷代替。

熔焊应用较广，对较细的导线焊接更为合适。其优点是不加焊剂，简捷方便，焊接效果较好；而缺点是在多路并联中，线头较多时，若操作不熟练，往往其中某一根导线不易焊牢。

2. 钎焊

钎焊就是将熔点低于接头材料的金属焊料，流入已加热的接头缝隙中，使接头焊成一体，根据所用焊料熔点温度的不同又分为软焊和硬焊两种。软焊的焊接温度一般在500℃以下，如锡焊；硬焊所用焊料的熔点在500℃以上，常用的为磷铜焊和银铜焊。

（1）锡焊　锡焊是利用铅锡合金作焊料，含锡越高，流动性越好，但工作温度较低。锡焊所用助焊剂包括酒精松香溶液或焊油，最好采用松香酒精溶液，酒精是还原剂，将氧化铜还原为铜，松香在熔化后覆盖在焊接处，可防止焊接处氧化。焊油有焊锡膏和焊锡药水，焊锡膏具有一定的腐蚀性，焊接完毕后应用酒精棉纱擦洗干净，焊锡药水虽使用方便，但盐酸具有强烈的腐蚀作用，在电工焊接中严禁使用。

锡焊的加热可采用烙铁或专用工具如焊锡槽等。烙铁有电热丝烙铁和变压器快速烙铁等，烙铁的热容量视焊头的大小而定。焊锡槽可进行浇锡和浸锡，其焊接质量比用烙铁高。

锡焊的优点是熔点低。焊接温度低于400℃，易操作，对周围绝缘影响小。其缺点是机械强度较差，工作温度较低。由于锡焊操作方便，故使用很普遍，正广泛应用于电工焊接中。

锡焊时，先在搪过锡的线头上刷上松香酒精，然后将浸有锡的烙铁放在线头下面（注意烙铁不能放在线头上面），当松香液沸腾时，迅速地将焊锡条涂浸在线头焊接面上，待熔锡均匀地覆盖在焊接面后，将烙铁头沿着导线径向移开，以免在导线径向留下毛刺，刺破绝缘造成短路。另外在实施焊接过程中，要保护好绕组，切不可使熔锡渣掉入线圈缝隙中留下短路隐患。

（2）磷铜焊和银铜焊　磷铜焊料含磷（质量）6%～8%，熔点为710～840℃，磷本身是很好的还原剂，因此焊接时不再需要助焊剂。银铜焊的助焊剂采用硼砂或031焊药。焊料通常是成条或成片的，一般采用焊接变压器的短路电流来实施加热，也可采用气焊，即用乙炔火焰加热线头，达到焊接目的。焊接时，要防止燃伤其他处的绝缘，可在线头附近裹上浸水的石棉绳；还要防止焊料、焊剂渣掉到线圈缝隙中。

磷铜焊和银铜焊的主要优点是机械强度高，适用于电流大、工作温度高及可靠性要求较高的场合。

当线头焊接好后，最后在线头处套好醇酸玻璃丝漆管。

3. 冷压接

冷压接虽不属焊接，但它是一种接线方法，是接线的最新工艺。采用冷压接钳将铜线需连接的线头进行压嵌，从而替代了线头焊接工艺，使用方便，质量可靠，目前已逐步得到推广应用。

二、绕组的整形与绑扎

电机绕组嵌线、接线完成后，便可进行整形与绑扎。

（一）绕组端部整形

绕组嵌线、接线后，在绑扎之前要将线圈端部排列整齐，同时仔细检查端部绝缘，如有移位、滑脱和损坏的要矫正和修整。然后在线圈端部内侧在敲棒的衬垫下用橡皮锤

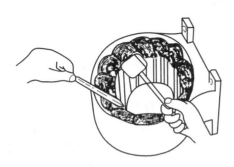

图 1-6-7 绕组端部敲成喇叭口状

轻敲，一般在相邻两绕组交叉处敲打，使定子绕组端成一整体，有利于散热和增强机械强度，绕组端部外呈抛物线张开的弧形喇叭口状，有利于安装转子和散热，见图 1-6-7 所示。

（二）绕组端部绑扎线的位置

各极相组之间的跨接线，各相的引出线在接线前应合理排列规划。在这些线头焊接完毕、包好绝缘、套上绝缘套管、完成绕组端部整形后，用蜡线或白布带牢固地绑扎在

 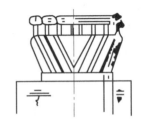

图 1-6-8 端部连接线顶部布置

绕组端部的顶上，如图 1-6-8 所示。有些二极电机绕组端部伸出定子铁芯过长，与端盖距离已很接近，连接线就不能再排列在绕组端部的顶上，可考虑将连接线排列在绕组外侧，如图 1-6-9 所示。

 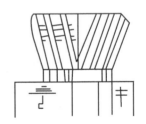

图 1-6-9 端部连接线外侧布置

（三）绕组端部包尖

对于功率较大或二极电机，由于线圈绕组端部尺寸较长，为了避免电机启动时受电磁力作用产生振动而损坏绝缘，因此在每个线圈绕组端部都要用丝绸带包扎，即俗称为"包尖"处理。包尖的长度约为端部轴向长度的三分之一。包尖时，线圈的引出线可同时包扎于线圈端部弧线部位，但不能将引出线头包入转角鼻端。

三、"多用电机绕组接线练习板" 的使用介绍

在电机修理中最重要的环节为嵌线和接线，而接线又是重中之重。俗语说："电机修理三分嵌线七分接线"，由此可见接线在电机修理中的重要性。然而在电机维修实训中，接线练习机会甚少，为了增加练习机会，可采用"多用电机绕组接线练习板"。

(一) "多用电机绕组接线练习板"的制作

在 400mm×400mm、厚 3mm 的环氧树脂板上,绘制 ϕ35mm 和 ϕ20mm 的两个基圆,将 ϕ35mm 的基圆分成 36 等分 (或 72 等分) 以等分线为基准在基圆的内外侧钻两排 ϕ6mm 孔,并用气眼铆钉铆制;同理将 ϕ20mm 的基圆分成 24 等分 (或 48 等分),也以等分线为基准在基圆的内外侧钻两排 ϕ6mm 孔并用气眼铆钉铆制。见图 1-6-10 所示。

(二) "多用电机绕组接线练习板"的使用

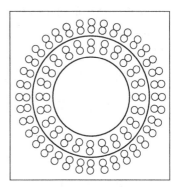

图 1-6-10 "多用电机绕组接线练习板"的形状

将一个基圆的同等分线上的两个孔看成电机定子铁芯上的一个槽,对单层绕组来说,两层孔按沉、浮边考虑,基圆内侧孔的线圈为浮边,外侧孔为沉边;对双层绕组来说,两层孔按上下层考虑,基圆内侧孔的线圈为上层边,外侧孔为下层边。"多用电机绕组接线练习板"的具体使用步骤如下。

1. 由题划分相带

给定题目后在"多用电机绕组接线练习板"上按 U_1-W_2-V_1-U_2-W_1-V_2 顺序划分相带。

2. 按划分的相带穿线

用 ϕ1mm 黄、绿、红三色单芯塑料线,分别按三相绕组分布规律穿入相应的孔中,U 相带中穿黄线,V 相带中穿绿线,W 相带中穿红线。穿线方法见图 1-6-11 所示。

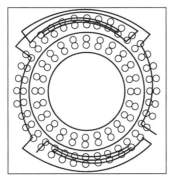   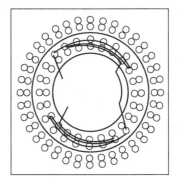

(a) 一相绕组的单个线圈和双线圈的穿线法　　(b) 一相绕组的同心线圈的穿线法

图 1-6-11 "多用电机绕组接线练习板"的穿线方法

3. 按题接线

按给定题目的要求进行接线。注意并联支路数、同相绕组线圈的首末端等问题。

四、实训要求

① 将个人独立完成嵌线的电机进行绕组接线,同时处理好线头刮漆,完成套管选配、线头连接及焊接等工艺过程。

② 利用"多用电机绕组接线练习板",每人接出:

三相单层链式 24 槽 4 极 ($q=2$,$W=12$,$y=5$,$a=1$)

三相单层叠式 24 槽 4 极 (庶极) ($q=2$,$W=6$,$y=6$,$a=1$)

三相双层叠式 36 槽 4 极 ($q=3$,$W=12$,$y=7$,$a=2$) 的绕组接线。

③ 在绕组接线及整形后,绑扎前,正确衬垫相间绝缘纸,要注意相间绝缘纸的大小和衬垫

位置。

④ 焊接绕组的每个接线头，把握好工艺、外观、接头电阻值等环节。

⑤ 绕组端部的整形与绑扎，注重喇叭口形状的制作、引出线位置的确定、绑扎式样及工艺的过程。

⑥ 考虑对绕组包尖的练习。

五、实训记录

① 实际完成绕组嵌线的电机，记录其绕组接线图。

② 实际完成绕组嵌线的电机，其绕组接线规律为：

U 相绕组进线槽号_____，接线顺序_____，出线槽号_____。

V 相绕组进线槽号_____，接线顺序_____，出线槽号_____。

W 相绕组进线槽号_____，接线顺序_____，出线槽号_____。

③ 线头焊接为_____焊；端部相间绝缘的材质_____，厚_____ mm，大体形式为_____，片数_____；引出线在端部绑扎方式_____。

④ 接线规律的归纳

三相单层链式 24 槽 4 极绕组的接线规律为：

三相单层叠式 24 槽 4 极（庶极）绕组的接线规律为：

三相双层叠式 36 槽 4 极（两路）绕组的接线规律为：

六、实训考核

见表 1-6-2。

表 1-6-2　实训项目量化考核表

项　目	考 核 要 求	配分	扣 分 标 准	得分
绕组的接线	线头绝缘刮净，线头接线规范，绕组接线正确，焊接得当，绝缘套管数量足够，接线练习板接线正确	50分	每接错1个接头扣10分；每个接头绝缘漆刮不净扣5分；每个接头连接不当扣5分；每个接头焊接不当扣5分；接头绝缘套管少套或选配不当，每个扣2分；接线练习板接线规律每错一相扣10分	
整形	相间绝缘无少垫和错垫，整形后两端呈喇叭口，喇叭口端面平整、口径合适，引出线位置合适	25分	相间绝缘少或错衬垫一处扣5分；整形不呈喇叭口每端扣10分，喇叭口端面不平扣10分；喇叭过小或过大扣5分；引出线位置不当扣5分	
绑扎	绑扎均匀，方式得当，绑扎跨距合适	25分	绑扎不均匀扣10分，绑扎方式不当扣10分，绑扎跨距过大扣5分，引出线绑扎不当扣5分	
安全文明操作	每违反安全文明操作一次扣10分			
指导教师（签字）				

实训七 异步电机绕组的初测、浸漆与烘干

一、绕组的初测

绕组在完成接线、端部整形及绑扎后,尚未浸漆前,应对绕组进行检查和测试。检查线圈有无断路、短路、接地和接错,测试直流电阻、绝缘电阻是否达到要求等问题。若有问题,此时线圈未固化,正好便于检查和返修。当浸漆后再发现问题,返修将十分困难。所以绕组在浸漆前必须进行初测,其检查的内容如下。

(一)外观查看
① 看绕组端部是否过长,有无碰触端盖或近靠的可能;
② 看喇叭口是否符合要求,不能过大或过小;
③ 看铁芯槽口两端槽绝缘是否破裂;
④ 看槽楔或槽绝缘纸是否凸出槽口,槽楔是否松动;
⑤ 看衬垫的相间绝缘是否错位或未垫好。

当查看发现上述任何问题时,都必须处理解决,其处理方法见表1-7-1。

表 1-7-1 处理方法

问 题	处 理 方 法
①	对端部重新整形,将线圈端部弧形部分向两边拉宽,降低端部高度
②	对端部喇叭口重新整形,借助绑扎二次整形,以达到要求
③	用同规格绝缘纸将破损部位衬垫好
④	用铲刀铲平凸出槽楔部分或铲去槽绝缘多余部分,若槽楔松动,应予以更换
⑤	按要求衬垫到位

(二)测量检查

1. 测量检查绕组是否接地

当绕组绝缘损坏,绕组中的导线与机座、铁芯接触,造成接地故障。

测量检查方法有以下两种。

(1)灯泡检查法

拆开三相绕组之间的连接片,使之互不相通。检查时把小灯泡和电池串联,一根引线接机座,另一根引线分别接各相绕组的出线头,如果灯亮,说明该相绕组接地。

(2)万用表或兆欧表法

检查步骤与灯泡检查法基本相同,如果发现绕组对机座的电阻很小或为零,则表明该相绕组已接地。

2. 测量检查绕组是否短路

由于绕组绝缘损坏,也能造成短路故障。常见的短路故障有:同相绕组内的线圈匝间短路、两相邻线圈间短路、一个极相绕组线圈的两端之间短路、两相绕组之间的短路。

短路故障的测量检查方法如下。

(1)兆欧表或万用表法

用兆欧表或万用表检测任何两相之间的绝缘电阻,若电阻几乎为零,则表明该两相之间短路。

(2)电阻检查法

当绕组短路较严重时,可用电桥分别测各相绕组的直流电阻,若某相绕组的阻值较小,则

可能存在短路故障。

3. 测量检查绕组是否断路

由于接线头焊接不良，绕组受到机械损伤、短路或接地故障，引起并绕导线中有一根或几根导线断线，造成断路故障。常见的断路故障有：绕组导线断路、一相绕组断路、并绕导线中有一根或几根断路、并联支路断路。

断路故障的测量检查方法如下。

(1) 万用表或兆欧表法

把电动机接线盒内的连接片取下，用万用表或兆欧表分别测各相绕组的电阻，电阻大到几乎等于绕组的绝缘电阻时，表明该相存在断路故障。

(2) 灯泡检查法

小灯泡与电池串联，两根引线分别与一相绕组的头尾相接(有并联支路，拆开并联支路端头的连接线，并绕的则拆开端头，使之互不接通)，若灯泡不亮，表明绕组断路。

(三) 测量检验

1. 测定绕组绝缘电阻值

兆欧表测量绕组的对地绝缘电阻和相间绝缘电阻是先将三相绕组的6个端头分出U、V、W三相的3对端头，再把兆欧表"E"(地)端接其中一相，"L"(线)端接在另一相上，以120r/min的转速均匀摇动1min(转速允许误差±20%)，随之读取兆欧表指示的绝缘电阻值。用此法测三次，就测出U-V、V-W、W-U之间的相间绝缘电阻值。

然后将U、V、W三相的3个尾端头(或首端头)绞接在一起，把兆欧表的"L"(线)端接上，再把"E"(地)端接机座，以测相间绝缘电阻的方法，同样测得对地绝缘电阻值。

低压电机通常采用500V兆欧表，要求对地绝缘电阻和相间绝缘电阻都不能小于5MΩ。若绝缘电阻值偏小，说明绝缘不良，通常是槽绝缘在槽端伸出槽口部分破损或未伸出槽口或没有包好导线，使导线与铁芯相碰所致。处理方法是在槽口端找出故障点，并以衬垫绝缘纸来消除故障点。如果没有破损仍低于此值，必须经干燥处理后才能进行耐压试验。

2. 测定三相绕组的直流电阻

测定直流电阻主要是为了检验电机三相绕组直流电阻的对称性，即三相绕组直流电阻值的平衡程度，要求误差不超过平均值的4%。由于绕组接线错误、焊接不良、导线绝缘层损坏或线圈匝数有误差，都会造成三相绕组的直流电阻不平衡。

根据电机功率的大小，绕组的直流电阻可分为高电阻与低电阻，电阻在10Ω以上为高电阻，在10Ω以下为低电阻。其测量方法如下。

(1) 高电阻的测量

用万用表直接测量，或通以直流电，测出电流I和电压U，再按欧姆定律计算出直流电阻R；

(2) 低电阻的测量

用精度较高的电桥测量，应测量三次，取其平均值。

(四) 检查绕组接线的正确性

若绕组线圈接错而直接通电试车，往往因为电流过大造成事故，严重时烧毁绕组。判断绕组接线正确性的简便方法有短路叶片检查法和滚珠检查法。

1. 短路叶片检查法

取25mm左右宽、3mm厚的扁铁一段，长度视电机定子铁芯内膛而定，在几何中心点钻一个十字螺丝刀可穿入并能灵活转动的孔。也可用铅丝弯出一个对称叶片，中间也有一个可供十字螺丝刀穿入的孔。将其置于定子内膛中心，如图1-7-1所示。

用三相调压器给三相绕组通以略低于额定值的电流，而电压不定。送电时用手旋转调压器手轮，逐步升压，同时用钳形电流表实时监测各相定子电流值，避免烧毁电机定子绕组。

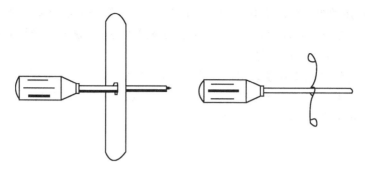

图 1-7-1　短路叶片检查法示意图

当电流值接近额定值时,扁铁条(或铅丝叶片)应以接近额定转速值正常转动。若绕组接线错误,就会造成扁铁条(铅丝叶片)转动不正常,甚至不转。

2. 滚珠检查法

给定子相绕组施加 30V 左右的三相交流低电压,将滚珠放入定子内腔,当绕组接线正确,滚珠就在内腔中沿定子内圆周表面上旋转滚动;若滚珠不沿定子内圆周表面上旋转滚动,表明绕组有接错的可能。

(五)检测三相空载电流的平衡性

当绕组接线正确,扁铁片正常转动时,用同一钳形电流表分别测三相绕组定子电流值。测得各相电流与三相平均电流之差应小于 10%,如果某相超过三相平均值 20% 以上,表明该相绕组有匝间短路或轻微接地。

(六)耐压试验

耐压试验用以检验电机的绝缘和嵌线质量。通过耐压试验可以准确地发现绝缘的缺陷,以免在运行中造成绝缘击穿故障,并可确保电机的使用寿命。

1. 耐压试验的做法

要在专用的试验台上进行,每一个绕组都应轮流做对机座的绝缘试验,此时试验电源的一极接在被试绕组的引出线端,而另一极则接在电动机的接地机座上。在试验一个绕组时,其他绕组在电气上都应与接地机座相连接。

2. 耐压试验的标准

在绕组对机座及绕组各相之间施加一定值的 50Hz 交流电压,历时 1min 而无击穿现象为合格。低压电机定子试验电压如表 1-7-2 所示。

表 1-7-2　低压电机定子试验电压

试验阶段	1kW 以上	1.1~3kW	4kW 以上
嵌线后未接线	$2U_N+1000V$	$2U_N+2000V$	$2U_N+2500V$
接线后未浸漆	$2U_N+750V$	$2U_N+1500V$	$2U_N+2000V$
总装后	$2U_N+500V$	$2U_N+1000V$	$2U_N+1000V$

进行耐压试验时,必须注意安全,防止触电事故发生。

对小于额定电压为 380V 的电动机,若身边没有高压试验设备,装配后的耐压试验也可用 2500V 兆欧表摇测 1min 代替。

二、绕组的浸漆

绕组在电机结构中是最脆弱的部件,为了提高绕组的耐潮防腐性和绝缘强度,并提高机械强度、导热性和散热效果与延缓老化等，必须对重绕后的电机绕组进行浸漆处理。并要求浸漆与烘干严格按绝缘处理工艺进行，以保证绝缘漆的渗透性好、漆膜表面光滑和机械强度高，使定子绕组粘结成为一个结实的整体。

目前 E、B 级绝缘的电机定子绕组的浸漆处理，一般采用 1032 三聚氰胺醇酸树脂漆，溶剂为甲苯或二甲苯，浸漆次数为二次，将其统称为普遍二次浸漆热沉浸工艺。

其工艺过程由预烘、浸漆两个主要工序组成。

(一) 预烘

1. 预烘目的

绕组在浸漆前应先进行预烘，是为了驱除绕组中的潮气和提高工件浸漆时的温度，以提高浸漆质量和漆的渗透能力。

2. 预烘方法

预烘加热要逐渐增温，温升速度以不大于 20~30℃/h 为宜。预烘温度视绝缘等级来定，对 E 级绝缘应控制在 120~125℃；B 级绝缘应达到 125~130℃，在该温度下保温 4~6h，然后将预烘后的绕组冷却到 60~80℃开始浸漆。

(二) 浸漆

浸漆时应注意工件的温度、漆的黏度以及浸漆时间等问题。

1. 浸漆温度

如果工件温度过高，漆中溶剂迅速挥发，使绕组表面过早形成漆膜，而不易浸透到绕组内部，也造成材料浪费；若温度过低，就失去预烘作用，使漆的黏度增大，流动性和渗透性较差，也使浸漆效果不好。实践证明，工件温度在 60~80℃时浸漆为宜。

2. 漆的黏度

漆的黏度选择应适当，第一次浸漆时，希望漆渗透到绕组内部，因此要求漆的流动性好一些，故漆的黏度应较低，一般可取 22~26s(20℃、4 号黏度计)；第二次浸漆时，主要希望在绕组表面形成一层较好的漆膜，因此漆的黏度应该大一些，一般取 30~38s 为宜。由于漆温对黏度影响很大，所以一般规定以 20℃为基准，故测量黏度时应根据漆的温度作适当调整。

3. 浸漆时间

浸漆时间的选择原则是：第一次浸漆，希望漆能尽量渗透到绕组内部，因此浸漆时间应长一些，约 15~20min；第二次浸漆，主要是形成较好的表面漆膜，因此浸漆时间应短一些，以免时间过长反而将漆膜损坏，故约 10~15min 为宜。但一定要浸透，一直浸到不冒气泡为止，若不理想可适当延长浸漆时间。

每次浸漆完成后，都要把定子绕组垂直放置，滴干余漆，时间应大于 30min，并用溶剂将其他部位的余漆擦净。

4. 浸漆方法

浸漆的主要方法有：浇浸、沉浸、真空压力浸。

对单台修理的电机浸漆，多采用浇浸，而沉浸和真空压力浸通常用于制造电机，对批量的可考虑沉浸，高压电机才采用真空压力浸。

常用的浇浸工艺方法为：

① 取出预烘的电机，待温度凉至 60~80℃，竖直架于漆盘之上；

② 将无溶剂漆灌入空饮料塑料瓶中，以便于把握浇浸漆量；

③ 手拿装有绝缘漆的塑料瓶，斜倾瓶口使绝缘漆流出瓶口呈线状，从绕组上端部浇入绝

缘漆,使漆在线圈中渗透并由绕组下端部回流到漆盘;

④ 当停止滴漆约 20～30min,把电机定子翻过来,再将绝缘漆浇向绕组上端部(原下端部),直至渗透为止;

⑤ 再停止滴漆约 30min 后,用布蘸上煤油,将定子内腔及机座上的余漆清除,然后进行烘干;

⑥ 若需二次浸漆的,经烘干后取出凉至 60～80℃ 再进行第二次浇浸,操作同上。

三、绕组的烘干

余漆滴干后,即可进行烘干,目的是将漆中的溶剂和水分挥发掉,使绕组表面形成坚固的漆膜。

(一)烘干过程

烘干过程由两个阶段组成。

1. 低温阶段

目的是促使漆中溶剂挥发掉。温度控制在 70～80℃,约烘 2～3h,这样使溶剂挥发比较缓慢,以免表面很快结成漆膜,导致内部气体无法排出、绕组表面形成许多气孔或烘不干。

2. 高温阶段

目的是迫使漆基氧化,在绕组表面形成坚固的漆膜。温度控制在 130℃ 左右,烘 6～18h,具体时间可根据电机大小及浸漆次数而定。

在整个烘干过程中,要求每隔 1h 用兆欧表测量一次绕组对地的绝缘电阻,开始时绝缘电阻下降,以后逐渐上升,在 3h 内必须趋于稳定。绕组对地绝缘电阻一般要在 5MΩ 以上,绕组才能算烘干。

(二)烘干方法

烘干方法一般采用热风循环干燥法、电流干燥法和灯泡干燥法等,电流干燥法和灯泡干燥法均为简易的烘干方法,工艺不易掌握,质量较难保证。为此,一般均采用热风循环干燥箱烘干。有关烘干设备和方法介绍如下。

1. 电热风循环干燥箱

电热风循环干燥箱又称烘箱,其结构原理如图 1-7-2 所示。烘箱用铁皮制成,电热丝装在箱体底部和两面侧壁,发热件外面用铁皮罩住,一方面可使热量通过铁板传导,箱内温度更均匀;另一方面防止漆直接滴到发热件上,引起明火,烧毁电机。在通电过程中,用酒精式温度计监测烘箱温度,注意不得超过规定允许值,不得采用水银式温度计对烘箱温度进

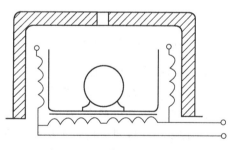

图 1-7-2 电热风循环干燥箱

行监测,以防温度计意外破损,水银滴入电机定子绕组内,造成绕组短路。另外烘箱顶部留有排出潮气和溶剂蒸气的通气口。

电热干燥箱也可做成热风循环干燥室,一般用耐火砖砌成,有内外两层,中间充填隔热材料如石棉粉、硅藻土等,发热器可采用电热丝或蒸气加热。干燥室外装有鼓风机,将发热器产生的热量均匀地吹入干燥室内。这种结构的干燥室空气流动快,室内温度较均匀,烘干效率高。不装鼓风机的也可使用,但温度不够均匀,烘干时间较长。

随着科学技术的发展,远红外线加热的热风循环干燥室也得到广泛应用,更优于电热干燥箱的恒温控制和使用方便,并且省电和维修方便。

2. 电流干燥法

将电机定子绕组按一定的接线方式连接，再给线圈中通入电流，利用绕组本身的铜耗发热进行烘烤干燥。主要接线方式有串联加热式、星形加热式、三角形加热式等。不管哪种方式，每相绕组所分配到的烘烤电流应控制在它额定电流的 60%～80%，通电 6～8h，绕组温度达 70～80℃为宜。接线见图 1-7-3、图 1-7-4 所示。

上述接线方案中，星形和三角形加热两种方式，可通过三相调压器控制低电压而电流足够大，来均匀加热，串联加热方式对小型电机可直接送入单相交流电源加热，省去另备低压电源。

3. 灯泡干燥法

用红外线灯泡或一般灯泡使灯光直接照射到电机定子绕组上，改变灯泡功率，即可改变温度。也可通过测量铁芯温度控制绕组温度，并随时测量电机的绝缘电阻，等达到要求后即可停止干燥。

四、实训要求

① 外观查看定子绕组，对存在的问题和处理结果进行记录。

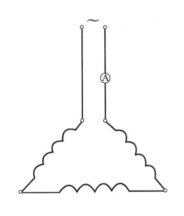

图 1-7-3　串联加热

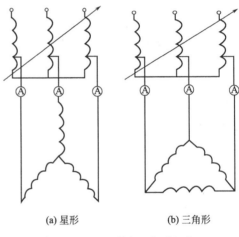

(a) 星形　　　(b) 三角形

图 1-7-4　星形和三角形加热

② 测量绕组绝缘电阻。
③ 检测三相绕组的直流电阻。
④ 检查绕组是否接错，测量三相绕组空载电流。
⑤ 按工序完成对电机定子绕组浸漆、烘干工艺，并做好记录。

五、实训记录

① 外观查看定子绕组，其问题_____

处理结果_____

_____。

② 兆欧表型号、规格_____。绕组相间绝缘电阻：UV 相间_____MΩ，VW 相间_____MΩ，WU 相间_____MΩ。绕组对地绝缘电阻：U 相对地_____MΩ，V 相对地_____MΩ，W 相对地

_____ MΩ。

③ 测量三相绕组直流电阻,使用仪表_____,检测结果:R_U = _____ Ω,R_V = _____ Ω,R_W = _____ Ω;$R = (R_U + R_V + R_W)/3$ = _____ Ω,$R_{max} - R_{min}$ = _____ Ω。

④ 用调压器向三相绕组输入低压三相电流,将扁铁片穿入螺丝刀并置于定子内膛正中,观察扁铁片的转动情况_____,绕组是否接错_____,故障点_____。

⑤ 将电机全部装好,输入三相额定电压,使其运转,用钳形电流表测 I_U = _____ A,I_V = _____ A,I_W = _____ A;$I = (I_U + I_V + I_W)/3$ = _____ A,I = _____%I_N。

⑥ 浸漆、烘干工艺:所用绝缘漆名称_____,型号_____,稀释剂为_____,干燥温度_____,时间_____,烘干所用方式_____。

⑦ 烘干记录

工　序		干燥温度/℃	干燥时间/h	热测稳定绝缘电阻/MΩ	备　注
预　烘					
第一次浸漆					
第一次干燥	挥发				
	固化				
第二次浸漆					
第二次干燥	挥发				
	固化				
烘干过程说明					

六、实训考核

见表 1-7-3。

表 1-7-3　实训项目量化考核表

项目	评定要求	配分	扣分标准	得分
绕组的初测	外观查看无异样,绝缘电阻全测且在允许范围之内,直流电阻合格,绕组和首末端无接错,三相空载电流对称且正常	50 分	没有进行外观查看扣 10 分;绝缘电阻每少测一项扣 2 分;绝缘电阻一项不合格扣 5 分;三相绕组直流电阻每两相间阻值差 0.1Ω 扣 1 分;绕组接错扣 10 分;首末端接错扣 10 分;三相绕组空载电流($I_{max} - I_{min}$)每差 0.1A 扣 1 分	
浸漆	清楚所用材料名称、型号、稀释剂和干燥条件;浸漆工艺掌握得当;浸漆次数够、效果佳	25 分	对所用材料名称、型号、稀释剂、干燥条件每一项不知扣 2 分;浸漆工艺掌握不当扣 5 分;浸漆次数不够、效果不佳扣 10 分	

续表

项目	评定要求	配分	扣分标准	得分
烘干	烘干目的、方法、过程、条件明确；烘温与材料的关系、时间与绝缘电阻变化率的关系清楚；烘干记录填写正确	25 分	烘干记录填写不正确扣 5 分；回答四个与烘干有关的问题，每答错一个扣 5 分。（烘干的目的、方法、过程、条件，烘温与材料的关系、时间与绝缘电阻变化率的关系）	
安全文明操作	每违反安全文明操作一次扣 10 分			
指导教师(签字)				

实训八　三相异步电机改型修理计算

三相异步电机绕组的修理有局部修理和重绕修理，这种修理一般不需作任何计算，只需详细地作好原始数据的记录，按照原来的型号规格修复即可，以保持电机原有的设计要求和性能。但有的电机由于使用日久，铭牌失落，失去了原始数据，或经多次修理后运行性能变劣，还有早年的产品设计不大合理等，对此类电机的修理就不宜采用原来数据，进行修复绕制，而要重新计算绕组数据，方可使电机有较好的性能投入运行。

另外，根据使用现场的要求，对某些电机进行改型修理以满足实际需要，是每个高级修理技术人员必备的技能。如改变电机绕组上的电压值、极数，以及改变并联支路数或接线方式等，都要通过计算来完成改型修理。

一、空壳电机计算

没有铭牌和绕组的电机就称为空壳电机，电机绕组参数主要由铁芯磁路的参数决定，因此，要修复一台空壳电机，必须先测算已知铁芯的基本尺寸，采用一些经验数据来估算原来的绕组数据。但必须注意，这种计算不是绕组复原。因为很多参数为未知量，必须采用经验数据估算，而数据的选用正确与否跟实践经验有很大关系，如果选用参数合理，一般都能获得较好的运行性能而达到重新修复的预期目的。

计算的主要目的是要获得重新修复电机的定子绕组数据；计算的主要内容是估算电机的输出功率、额定电流、电压、转速以及决定绕组的形式、线圈匝数和线径等。具体的计算内容和程序如下。

（一）确定电机极对数

1. 算式

电机的极对数 p 可由下式估算：

$$p = 0.28 \frac{D_1}{h_c}$$

式中　D_1——定子铁芯内径，cm；

h_c——定子铁芯轭高，即定子铁芯外缘至槽底的径向高度，cm。h_c 可直接测得也可由下式计算：

$$h_c = \frac{D_2 - D_1}{2} - h_n$$

式中　D_2——定子铁芯外径，cm；

h_n——定子槽深，cm。

2. 确定

极对数的确定可根据上述计算结果，取相近的整数为极对数。当计算所得极对数值正好在两极对数值中间时，一般考虑两种极对数都可用。但当某一极对数出现分数槽绕组时，则要校验其绕组在此极对数下能否构成。若极对数确定不当，就会造成定子气隙、齿部、轭部中的某部分磁路的磁通密度过高或过低。

（二）电机输出功率估算

1. 算式

电机额定功率可由下式估算：

$$P_N = \frac{(0.74 \sim 0.97)D_1^2 L B_\delta A n_o}{10^8}$$

式中　L——定子铁芯长度（叠片厚度），cm；

B_δ——气隙磁通密度，T；

n_o——电机同步转速，r/min；

A——线负载，是指电机在额定电流时，定子上所有导线在各槽中流过电流的总和在圆周每厘米单位长度上所分布的电流密度，A/cm。

如果电机的线负载过大，会使励磁电流增加，功率因数下降，运行温度升高而影响电机的性能。

2. 确定

由于气隙磁密和线负载是电机空壳计算的关键参数，正确的选取将直接影响电机性能。因此可根据极距 τ，由表 1-8-1 选取。

表 1-8-1　三相异步电机气隙磁密 B_δ 与线负载 A 的参考值

极数	参数	极距 τ/cm		
		<20	20～40	40～70
$2p=2$	B_δ/T	0.5～0.6	0.6～0.65	0.65～0.68
	A/(A/cm)	120～200	200～300	300～420
$2p=4$	B_δ/T	0.65～0.7	0.68～0.73	0.71～0.76
	A/(A/cm)	200～300	300～380	360～460
$2p=6,8$	B_δ/T	0.69～0.73	0.72～0.76	0.74～0.78
	A/(A/cm)	220～320	310～380	370～460

另外，用以上算式估算的输出功率仅作为计算参考值，还需用槽满率校验修正，以及对修复后的电机进行试验检测或观察负载运行的温升及性能情况后，才能最后决定电机的功率输出。

（三）绕组系数的计算

集中绕组虽然嵌线容易，又有较高的有效磁势，但含有的高次谐波也高，导致电机性能变差。为了改善电机性能，使气隙磁势在空间按近似正弦波分布，于是三相电机通常采用各极各相绕组分别均匀分布在几个槽内的形式。此外，为了削弱高次谐波对电机性能的影响和节省用铜量，一般都采用短距双层绕组或具有短线圈的单层绕组。这样做的结果，电机绕组线圈在匝数一定的情况下，引起感应电势的降低。将影响感应电势的这种因素常以绕组系数的形式反映出来,该因素由两个方面组成。

1. 绕组分布系数 k_q

绕组分布系数由下式计算:

$$k_q = \frac{\sin q \frac{\alpha}{2}}{q \sin \frac{\alpha}{2}}$$

分布系数 k_q 随 q 值的增加而减小,当 q 大于 6 时,分布系数的减小极微而趋近于常数。k_q 值也可由表 1-8-2 查得。

表 1-8-2　三相异步电动机绕组分布系数 k_q

每极相槽数 q	1	2	3	4	5	6	7 以上
分布系数 k_q	1.0	0.966	0.96	0.958	0.957	0.956	0.956

当电机采用分数槽绕组时,分布系数由下式计算:

$$k_q = \frac{\sin c \frac{\alpha}{2}}{c \sin \frac{\alpha}{2}}$$

式中　c——将分数槽的 q 值化为假分数时的假分子数。

另外,也可将互为质数的假分子 c 用 q 值代替,由表 1-8-2 查得。

2. 短距系数 k_y

双层绕组的短距系数由下式求取:

$$k_y = \sin\left(90 \frac{y}{\tau}\right)$$

为了提高电机的启动、运行性能,节省绕组用铜量,定子的双层绕组一般都采用节距小于极距的线圈,即 $y = \frac{5}{6}\tau$。短距系数除计算外,还可由表 1-8-3 查取。

表 1-8-3　三相异步电机短距绕组的短距系数 k_y

节距	每极槽数(极距)												
	24	18	16	15	14	13	12	11	10	9	8	7	6
1~25	1.000												
1~24	0.998												
1~23	0.991												
1~22	0.981												
1~21	0.966												
1~20	0.947												
1~19	0.924	1.000											
1~18	0.897	0.996											
1~17	0.866	0.985	1.000										
1~16	0.832	0.966	0.995	1.000									

续表

节距	每极槽数(极距)											
	24	18	16	15	14	13	12	11	10	9	8	7	6
1~15	0.793	0.940	0.981	0.995	1.000								
1~14	0.752	0.906	0.956	0.978	0.994	1.000							
1~13	0.707	0.866	0.924	0.951	0.975	0.993	1.000						
1~12		0.819	0.831	0.914	0.944	0.971	0.991	1.000					
1~11		0.766	0.773	0.866	0.901	0.935	0.966	0.990	1.000				
1~10		0.707	0.707	0.809	0.847	0.884	0.924	0.960	0.988	1.000			
1~9				0.743	0.782	0.838	0.866	0.910	0.951	0.985	1.000		
1~8				0.669	0.707	0.749	0.793	0.841	0.891	0.940	0.981	1.000	
1~7						0.663	0.707	0.756	0.809	0.866	0.924	0.975	1.000
1~6								0.655	0.707	0.766	0.832	0.901	0.966
1~5										0.643	0.707	0.782	0.866
1~4												0.642	0.707

注意:单层绕组一般都属整距绕组,虽然有的绕组也用节距小于极距的线圈(如单链绕组等),但它属于短线圈结构,故其绕组的短距系数仍是 $k_y=1$。

3. 绕组系数 k_w

绕组系数等于分布系数与短距系数的乘积。即

$$k_w = k_q k_y$$

(四)线圈匝数计算

确定线圈匝数(即绕组每槽导线数)的主要因素是定子各部位的磁通密度。它主要包括气隙磁密 B_δ、槽齿磁密 B_t 和铁芯轭部磁密 B_c。

为确保电机正常工作,各部位的磁通密度要适当,不能过高或过低,过高会引起铁芯磁饱和,使铁耗增加,导致启动电流和空载电流增大,功率因数下降,电机运行时产生过热现象,甚至烧毁;反之,如果磁密过低,绕组的匝数过多,铜耗增加,电机相当于在欠压状态运行,电磁转矩下降,满载运行无力。

计算时以满足铁芯三部分磁密为条件,并按实际情况选取最高值。

1. 按气隙磁密条件计算线圈匝数

$$N_z = \frac{1.27 k_E U_p 2p \times 10^2}{D_1 L Z B_\delta k_w} (根/槽)$$

式中 k_E——压降系数(一般取 0.88~0.97);

U_p——电机相电压,V。

2. 按齿部磁密的条件计算线圈匝数

$$N_z = \frac{4.34 k_E U_p 2p \times 10^2}{Z^2 b_t L B_t k_w} (根/槽)$$

式中 b_t——定子槽齿的最窄宽度,cm;

B_t——定子齿部磁密,T(一般取 1.4~1.75T,改极时也不宜超过 1.85T)。

3. 按定子轭部磁密的条件计算线圈匝数

$$N_z = \frac{1.44 k_E U_p \times 10^2}{Z h_c L B_c k_w} (根/槽)$$

式中 h_c——定子铁芯轭高,cm;
B_c——轭部磁密,T(一般取 1.2~1.5T,改极时最高不宜超过 1.7T)。

(五)额定电流估算

1. 计算

三相电机的额定电流由下式求取:

$$I_N = \frac{P_N \times 10^3}{1.73 U_N \eta \cos\varphi}$$

式中 P_N, U_N——电机额定功率和电压,V;
η——电机效率(中小型电机的效率一般在 0.78~0.92 之间,功率大者取较大值);
$\cos\varphi$——电机功率因数(1~100kW 电机的功率因数在 0.78~0.88 之间,功率大者取较大值)。

另外,额定电流也可估算。

2. 估算

估算时,对于 4kW 以上的 380V 中型电机,一般取 $\eta=0.85, \cos\varphi=0.84$。则估算式为:

$$I_N = 810 \frac{P_N}{U_N}$$

(六)校验线负载

1. 计算

电机的实际线负载由下式计算:

$$A = \frac{Z N_z I_p}{3.14 D_1 a}$$

式中 I_p——电机相电流,A。

2. 校验

将计算出的电机实际线负载值与表 1-8-1 的线负载值进行比较,二者要符合,至少也要与初选值接近在允许范围内,如相差过大,应重选 A 值及 B_δ 值,并重新计算,使其误差在±(10%~15%)以内。

(七)导线选择

决定绕组导线线径的因素是导线的电流密度,而导线电流密度的大小对电机性能和出力都有直接关系,如果导线电流密度值选得过高,会使导线截面选小,槽满率偏低,嵌线虽较方便,但绕组电阻相对增大,损耗就随之增加,使效率降低;若导线电流密度值选得过小,情况正好相反。为此在导线选择时,先要确定导线的电流密度。

1. 导线电流密度的确定

铜导线的电流密度可参考表 1-8-4 选取。

表 1-8-4 异步电机定子绕组铜导线电流密度参考值

电机功率/kW	1~10	10~25	25~75
防护式/(A/mm²)	5~6.5	5~6.5	5~6.5
封闭式/(A/mm²)	4.8~6.5	4.2~5.3	3.7~4.5

2. 导线截面积确定

$$A_S = \frac{I_p}{j} \text{ (mm}^2\text{)}$$

式中 j——铜导线电流密度，A/mm²。

3. 导线直径确定

$$\phi = 1.13\sqrt{A_S} \text{ (mm)}$$

由 ϕ 值选用相近的标准导线直径即可。

（八）槽满率的校验

当电机的导线与匝数确定后，还要通过槽满率校验，核算导线在槽内是否能容纳。

1. 核算

由于大多电机是采用圆形导线，槽内导线间存在空隙，另外槽内的绝缘物也占去一定的空间。显然，槽内导线实际截面积要小于槽面积，把槽内导线的总截面积占槽面积的百分比用槽满率 K 来表示，用下式核算：

$$K = \frac{N_a N_z A_S}{A_z}$$

式中 N_a——线圈导线并绕根数；

A_z——槽面积，mm²。

槽满率过高，会引起嵌线困难造成导线绝缘受损，导致短路故障；槽满率过低，嵌线虽容易，但槽面积不能充分利用，电机的性能没有充分发挥，效率较低。

2. 校验

槽满率也受导线的绝缘层的影响，因此，还要根据不同的绝缘导线选用的槽满率。也可用相同根数的导线或线圈嵌入带有槽绝缘的槽内进行实际槽满率的校验。甚至可在耐压强度相同的条件下，将原来两层青壳纸和一层漆布的槽绝缘改为一层聚酯薄膜复合绝缘纸；或用一层 DMDM 复合绝缘纸。如果槽满率太高，采取上述措施仍不能满足嵌线工艺的要求时，应重选各项参数并复算。

二、改变极数计算

在实际生产中，有时会因找不到合适转速的电机，又不宜采用其他变速方法，故以改变电机的极数来解决转速问题。通常改变极数只适用于笼型异步电机。对于绕线式异步电机，要改极除了改变定子绕组极数外，还要改变转子绕组的极数，而且还要考虑转子绕组与槽配合的适应性，故很少采用。

（一）铁芯有绕组的改极计算

由于铁芯有绕组，在电机改极前先要拆除绕组，在拆除绕组时，应详细作好原始数据记录，以利于改绕参数的换算。保证电机改极后，虽各部磁密均有改变，但电机性能仍接近于原来的性能。

1. 定、转子的槽数配合

为了保证电机的启动和运行性能，不同极数的定、转子应有相适应的槽数配合关系，见表 1-8-5 所示。

表 1-8-5　三相异步电机定、转子实用的槽数配合

形式		斜槽时转子槽数				直槽时转子槽数			
	极数	二极	四极	六极	八极	二极	四极	六极	八极
定子槽数	12	15, 18	15, 18						
	18	15, (16)	15						
	24	18, (20) 22	18, (22) 30, (32)		<u>22</u>				
	27			24					
	30	22, (26)					22		
	36	26, (28), 32	26, 28, (32), 33, 34	26, 28, 32, (33)	26, <u>32</u>, 33	(28) 46	(24) 26	26	
	42	32, (34)					(34)		
	45			34				36	
	48	(40), 44	38, (44)		(44), 46	(40)	(36) (44)	(36)	(36)
	54		<u>44</u>, 48	33, (44), 50, 58, 63	<u>44</u>, 48, 50, (58), 62			(36) (44)	(36) (50)
	60		(50), 55		56, 58, 64, 72		(48) (50)		(48)
	72		<u>56</u>, (64)	53, 56, (58)	56, (58)			(48) (54) (58)	(48) (58) (96)

注：1. 表格里括弧内的槽数是 Y 系列电机采用；
　　2. 带下划线"—"槽数只采用双速变极电机的配合槽数。

2. 确定新绕组的线圈节距

由于极距随极数改变，改极后的线圈节距由下式求出：

$$y' = y \frac{2p}{2p'}$$

式中　y'——电机改极后线圈的节距；
　　　p'——电机改极后的极对数。

3. 计算线圈匝数

对改极电机，要根据具体情况计算。

若极数变多（转速减低）时，应考虑气隙磁密和齿部磁密。线圈匝数可用下式计算：

$$N_z' = N_z \frac{2p'}{2p} \times 0.95 \text{（根/槽）}$$

式中　N_z'——电机改极后的每槽线圈匝数；
　　　p'——电机改极后的极对数。

若极数变少（提高转速）时，主要考虑轭部磁通密度。线圈匝数可用下式计算：

$$N_z' = \frac{144 k_E U_P}{Z h_c L B_c k_w} \text{（根/槽）}$$

4. 改极后的导线直径

在保持原电机槽满率的前提下，改极后的导线直径可由下式计算：

$$\phi' = \phi\sqrt{\frac{N_z}{N_z'}} \quad (\text{mm})$$

式中 ϕ'——电机改极后绕组导线直径，mm。

5. 改极后的电机功率

电机极数改变后，输出功率也会相应改变。在同一铁芯上，如改成多极时，它每极所占的极面积减少，若磁通密度一定，每极磁通 Φ 就相应减少。由电压基本方程式可知，由于 Φ 的减少，每相串联匝数增加，即线圈匝数增多。为此必须相应减少每根导线的截面积，电机的输出功率也随之减小。

同理，减少极数后，输出功率会相应增加。因此，在改极前，选择电机作为改极对象时，要考虑到改极后的容量是否适合配用的机械设备。

改极后，电机的输出功率可按下式估算：

$$P_N' = P_N \frac{\phi'^2}{\phi^2}$$

或

$$P_N' = P_N \frac{A_S'}{A_S}$$

式中 P_N'——电机改极后的功率，kW；

A_S'——电机改极后新导线截面积，mm^2。

（二）铁芯无绕组的改极计算

铁芯无绕组的改极计算类似于空壳计算，不同的是空壳计算按原极数进行，其各部位磁通密度在正常情况下是确定的，其分布基本合理。而改极重绕则会造成磁路磁通分布不均匀，这种不均匀性又与改极有关，因此，铁芯无绕组的改极计算要注意以下几点。

1. 确定电机原极数

$$p = 0.28 \frac{D_1}{h_c}$$

2. 确定绕组数据

根据所需的极数，按无绕组铁芯的空壳计算求取绕组数据。

3. 确定磁通密度

为使铁芯能充分利用，根据改后极数与原极数的变化特点按下述情况选用相应的磁通密度。

① 多极改少极时，气隙和齿部的磁通密度较低，故轭部磁通密度可适当放宽，一般可选 $B_c = 1.65 \sim 1.85T$；

② 少极改多级时，轭部磁通密度宽裕，而齿部磁通密度偏紧，则一般可选 $B_c = 1.8 \sim 1.85T$，如果轭部磁通密度很低，而气隙磁通密度也不高时，齿部磁通密度还可放宽到 2.2T。

三、改变线圈并绕根数的计算

在三相异步电机修理中，有时手头现有的导线与所需的导线不一致，但又想将其用上，可采用改变线圈并绕根数的方法，用并绕根数替代原导线数。

(一) 替代的通则

对于铁芯内径小于180mm的电机,选用的导线直径一般不宜超过$\phi 1.25$mm。

对于铁芯内径为200~300mm的电机,导线直径最好不要超过$\phi 1.5$mm。因此,当导线较粗时,可用二根或几根较细的导线代替一根粗导线来绕制线圈。并绕根数不能多,最好选用两根截面相同或线径接近的导线来替代。

并绕导线根数的总截面积应等于或接近于原导线的截面积,导线换算截面积误差不宜超过2%~3%。

(二) 替代的做法

替代时可查表1-8-6代换。

表1-8-6 常用并绕导线直径的代换

原导线直径 /mm	二 根 代 换 导 线 的 直 径				
1.12	0.80;0.80	0.80;0.77	0.83;0.74	0.86;0.72	0.90;0.67
1.16	0.83;0.80	0.86;0.77	0.90;0.74	0.90;0.72	0.93;0.64
1.20	0.86;0.83	0.90;0.80	0.93;0.77	0.96;0.72	1.0;0.67
1.25	0.90;0.86	0.93;0.83	0.96;0.80	1.0;0.74	1.04;0.69
1.30	0.93;0.90	1.0;0.83	1.04;0.77	1.08;0.74	1.08;0.72
1.35	0.96;0.96	1.0;0.9	1.04;0.68	1.08;0.8	1.12;0.77
1.40	1.04;0.93	1.8;0.90	1.12;0.83	1.16;0.80	1.16;0.77
1.45	1.04;1.0	1.08;0.96	1.12;0.93	1.12;0.86	1.20;0.83
1.50	1.08;1.04	1.12;1.0	1.16;0.96	1.20;0.9	1.25;0.8
1.56	1.12;1.08	1.16;1.04	1.20;1.0	1.25;0.93	1.30;0.86
1.62	1.16;1.12	1.20;1.08	1.25;1.04	1.30;0.69	1.35;0.90
1.68	1.20;1.16	1.25;1.12	1.30;1.08	1.35;1.0	1.40;0.93
1.74	1.20;1.25	1.30;1.16	1.35;1.12	1.35;1.08	1.40;1.40
1.81	1.30;1.25	1.35;1.20	1.40;1.16	1.45;1.08	1.50;1.0
1.88	1.35;1.30	1.40;1.25	1.45;1.20	1.50;1.16	1.50;1.12

再用下式校验:

$$\frac{A_{S1}+A_{S2}-A_{S0}}{A_{S0}}\times 100\% \leqslant \pm 3\%$$

式中 A_{S0}——原用导线截面积,mm^2;

A_{S1},A_{S2}——并绕后每根导线的截面积,mm^2。

四、 改变绕组并联支路数的计算

用多根导线并绕的方法虽能将粗导线换成细导线,但若原导线截面积很大,所需的并联根数很多,而电机线圈并绕根数超过四根,则会造成线圈在绕制时排列凌乱,给嵌线带来困难。这时可采用增加绕组的并联支路数来减少线圈的并绕根数。

其实,改变并联支路数和并绕根数的效果是一样的。例如,并绕根数$N_a=2$,如图1-8-1(a)所示;当并联支路数$2a=2$,两组线圈为并联,见图1-8-1(b)。

将两图进行比较,图(a)的相电流是流过同一线圈中的两根并绕导线,而图(b)的相电流是流过两组并联线圈,显然,图(b)所用线圈导线的截面积为图(a)线圈导线截面积的一半。

在图1-8-1中,若在两端加同样的相电压,图(b)中由于每一并联支路内的串联线圈

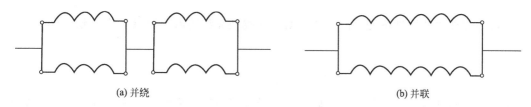

(a) 并绕   (b) 并联

图 1-8-1　一相绕组的并绕和并联支路示意

匝数减少一半，铁芯磁通密度增高，电流增大，导致严重发热。因此，绕组改变并联支路后，要相应增加每槽导线数，以保持每相的串联线圈匝数不变。改变并联支路数后，电机的每槽导线数由下式决定：

$$N'_z = N_z \frac{a'}{a} \text{（根/槽）}$$

式中　a'——改变后的并联支路对数。

但必须注意，每一条并联支路中的串联线圈匝数必须相等，要满足下列条件：

$$\frac{2p}{a'} = 整数$$

否则，拟用的并联支路数将不成立。

五、改变绕组接线方式的计算

当采取多根并绕或多路并联仍不能获得满意效果时，可考虑改变绕组的接线方式来变换导线截面积。因为在△接法中，相电压等于线电压，线电流是相电流的$\sqrt{3}$倍；而在Y接法中，相电流等于线电流，线电压则是相电压的$\sqrt{3}$倍。这样，可在电动机额定功率不变（即：线电流和导线电流密度不变）的情况下，用改变接线的方式，通过相电流的变化来改变导线的截面积。通常采用的改接方法有两种。

（一）△接改Y接的导线截面积计算

为保持额定电压（线电压）不变，改接后的每相绕组电压必须为原每相绕组电压的$1/\sqrt{3}$倍，即线圈匝数为原来的$\frac{\sqrt{3}}{3}$倍，即

$$N_{zY} = \frac{N_{z\triangle}}{\sqrt{3}} \text{（根/槽）}$$

导线截面积应为：

$$A_{SY} = \sqrt{3} A_{S\triangle} \text{（mm}^2\text{）}$$

（二）Y接改△接的导线截面积计算

仍然在保持额定电压（线电压）不变的条件下，Y接改△接时，每相绕组串联匝数要为原来的$\sqrt{3}$倍。则改接后线圈匝数为：

$$N_{z\triangle} = \sqrt{3} N_{zY} \text{（根/槽）}$$

再考虑导线电流密度不变,改为△接时,导线截面积还需变为原来的 $\frac{\sqrt{3}}{3}$ 倍,即

$$A_{S\triangle} = \frac{A_{SY}}{\sqrt{3}} \quad (\text{mm}^2)$$

改变绕组接线方式的计算是在并联支路数及并绕根数不变的条件下进行的,如需改变原绕组的其他因素,必须另行计算。

六、实训要求

(1) 依照实训指导,会对三相异步电机进行改型修理计算。
① 初步掌握空壳计算;
② 基本了解改变极数计算;
③ 基本掌握改变线圈并绕根数的换算;
④ 大致了解改变绕组并联支路数的计算;
⑤ 重点掌握改变绕组接线方式的计算。
(2) 学会对三相异步电机结构参数的测绘。
(3) 熟悉影响三相异步电机运行性能的主要因素。
(4) 掌握三相异步电机改型修理计算的关键点。

七、实训记录

① 有一台无铭牌及绕组数据的封闭式异步电机,经实测其定子铁芯数据为:外径 $D_2=25.4$cm;内径 $D_1=17.4$cm;长度 $L=17$cm;轭高 $h_c=1.43$cm;齿宽 $b_t=0.62$cm;定子槽数 $Z=48$ 槽;槽面积 $A_z=109.7$mm²。计算出重绕数据。

② 有一台六极异步电机,$P_N=2.2$kW,$U_N=380$V,$I_N=5.3$A,Y 接法。需改为四极,确定新绕组数据。

原始数据记录为:定子槽数 $Z=36$ 槽,转子槽数 $Z_2=26$ 槽,线圈匝数 $N_z=42$ 根/槽,线径 $d=1.04$mm,绕组为单层交叉式,定子铁芯外径 $D_2=16.7$cm,内径 $D_1=11.4$cm,长度 $L=13.5$cm,轭高 $h_c=0.94$cm,齿厚 $b_t=0.405$cm。

③ 某电机算出导线直径 $\phi1.58$mm,由于导线太粗,无法嵌线,确定代换细导线直径。

④ 修理一台二路 Y 形接法的电机,线圈匝数 $N_z=34$ 根/槽,原用导线是 $\phi1.35$mm,考虑嵌线困难,利用改接线方式选择其他规格的导线。

八、实训考核

见表 1-8-7。

表 1-8-7 实训项目量化考核表

项目	评定要求	配分	扣分标准	得分
空壳计算	初步掌握计算过程,不得少算绕组数据;明确决定绕组线圈匝数的主要因素	30 分	不清楚计算过程扣 20 分;对极数、输出功率、绕组系数、线圈匝数、电流、导线选择以及校验线负载、槽满率,每少算一项扣 10 分	
改变极数计算	基本了解改变极数计算过程,明白极数变多和变少对电机的影响;知道改变极数受哪些因素的影响	15 分	对改变极数计算过程不了解扣 10 分;不明确极数变多和变少对电机的影响每项扣 10 分;不知道改变极数受哪些因素的影响扣 10 分	

续表

项目	评定要求	配分	扣分标准	得分
换算线圈并绕根数	基本掌握线圈绕组并联根数的换算,能计算、会查表	15 分	没掌握线圈绕组并联根数的换算,不能计算,无法查表扣 10 分	
换算线圈并联支路数	大致了解换算线圈并联支路数的计算过程,会初步计算	10 分	不能初步计算,了解换算线圈并联支路数的计算过程扣 10 分	
改变绕组接线方式的计算	必须掌握改变绕组接线方式的计算,能计算 Y→△和△→Y 接线方式改变	30 分	不能掌握改变绕组接线方式的计算扣 20 分;对 Y→△和△→Y 接线方式改变,少计算一相扣 15 分	
安全文明操作	每违反安全文明操作一次扣 10 分			
指导教师(签字)				

实训九　单相异步电机的修理

学习掌握单相异步电机的修理技术,应在三相异步电机修理技术的基础上,找出二者在结构、原理以及方法上的区别,以此作为学习的切入点。

一、单相异步电机的结构特点

(一)定子部分

1. 铁芯结构特点

定子铁芯有隐极式和凸极式两种形式,见图 1-9-1 所示。

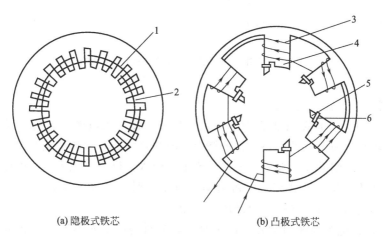

(a) 隐极式铁芯　　　　(b) 凸极式铁芯

图 1-9-1　单相异步电机定子铁芯结构
1—主绕组;2—辅助绕组;3—凸极电机主绕组;4—主极;5—罩极;6—罩极线圈

图 (a) 是隐极式铁芯,与三相异步电机的定子铁芯相同,铁芯内圆上均匀设置槽口,槽中嵌有电机绕组。

图 (b) 凸极式铁芯,磁极明显可见,绕组集中绕制。

2. 绕组结构特点

(1) 绕组结构有集中式和分布式

集中式绕组在每个磁极上只有一个线圈,即:将导线制成一个集中线包,套在磁极上,通常用在凸极铁芯上。其特点是产生的磁场波形很差,影响电机的运行性能和效率,但由于它的结构简单、维护方便，常用于罩极式电机。

分布式绕组与三相异步电机绕组情况相同，各导线以一定规律分布在各槽内，通过不同的端部连接方式构成各种不同类型的绕组，通常用在隐极式铁芯上。

(2) 绕组从结构上分主绕组和辅助绕组

它们分别嵌入定子铁芯槽中，二种绕组的轴线在空间上相隔90°电角度，其绕组间的槽数、槽形和线圈匝数可以相同，也可以不相同。一般主绕组占定子总槽数的2/3，辅助绕组占定子总槽数的1/3，但具体要根据各电机的技术要求而定。

(3) 主绕组、辅助绕组有不同的连接方式

主绕组是单相异步电机中的运行绕组，在运行中起主导作用；辅助绕组是单相异步电机中的启动绕组，是为电机启动而设置的，主绕组和辅助绕组的轴线在定子圆周上相隔90°电角度，其目的是当主、辅助绕组中流过不同相位的电流，能形成椭圆形旋转磁场。

为了在主、辅助绕组中获得不同相位的电流，可在辅助绕组中串入电阻或电容元件，使二绕组的阻抗角不同。常见的单相异步电机主、辅助绕组的接线方式如图1-9-2所示。

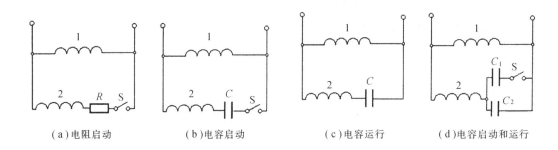

(a) 电阻启动　　(b) 电容启动　　(c) 电容运行　　(d) 电容启动和运行

图 1-9-2　单相异步电机主、辅助绕组的接线方式

1—主绕组；2—辅助绕组

(4) 各连接方式的电路特点

图1-9-2(a) 所示为电阻分相启动方式，主绕组直接接入电源，它的导线一般较粗且匝数较多，电阻较小，属电感性电路；辅助绕组用较细且匝数较少的导线绕制，与启动电阻元件串联后，再与主绕组并联，属感性电路。当电流流入电机，主绕组中的电流滞后辅助绕组电流φ角，产生椭圆形旋转磁场，电机启动，当加速到额定转速的75%～80%时，启动开关自动断开辅助绕组，电机在主绕组磁场的作用下继续运行。

图1-9-2(b) 为电容分相启动方式，在辅助绕组回路中串入电容，可获得较电阻分相启动方式更为理想的电流相位差，使电机启动时旋转磁场接近圆形，以获得较大的启动转矩。但图1-9-2(a)、(b) 的辅助绕组都是短时工作。

图1-9-2(c) 的辅助绕组不仅可帮助启动，还参与运行，使旋转磁场接近圆形，获得较大的工作转矩，运行效率和功率因数都较高，过载能力也较强，只是启动转矩较小，只适用于轻载启动的场合。

图1-9-2(d) 是图(c)的改进方式，考虑到启动和运转两种情况下的最佳电容量不相等，故设置了C_1和C_2。启动时两电容并联投入，启动完后C_1切除，C_2继续运行。这样不仅帮助启动而且参与运行，使旋转磁场在启动和运行时都接近圆形，运行效率等方面都得到增强。

（二）转子部分

单相异步电机的转子有笼型和电枢型，笼型转子与三相笼型异步电机的完全一样，电枢型的转子却与直流电机的相同，构成单相串励式电机。

二、单相异步电机绕组的结构形式和排列方法

由主、辅助绕组构成的单相电机，两绕组不仅要求在定子空间圆周相差90°电角度，而且两电流在相位上也要随时间相差90°电角度。在满足此条件下，可排列出多种的绕组形式。

（一）绕组形式

1. 单层绕组

链式、叠式、同芯式。

2. 双层绕组

链式、叠式。

3. 单双层绕组

混合式。

4. 单相正弦绕组

5. 单相罩极式绕组

（二）排列方法

在绕组形式中最基本的、最常见的是单相同芯式和单相正弦式绕组。

1. 单相同芯式绕组

单相同芯式绕组的展开形式（24槽、4极）如图1-9-3所示。由图可见主绕组和辅助绕组在结构上完全是类似的两套单独绕组。二者在定子铁芯的空间位置上错开90°电角度。嵌线时，主绕组在槽下层，辅助绕组在槽上层。以图1-9-2为例，讲述单相绕组的排列方法。

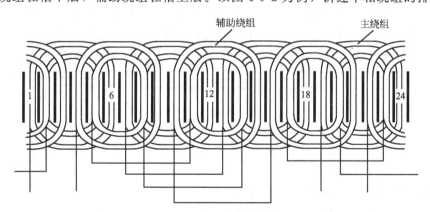

图 1-9-3 单相同芯式绕组的展开形式

（1）计算基本参数

$$q = \frac{Z}{2 \times 2p} \text{（槽）}$$

$$\alpha = \frac{180° \times 2p}{Z} \text{（电角度）}$$

得：$q = 3$；$\alpha = 30°$。

(2) 编写槽号

槽号的编写是以第一槽开始顺序编号。

(3) 划分相带

取 q 个槽为一个相带,相带按 U_1-U_2 的顺序循环排列。每极下的相带数是按电源引线数确定的,为此每极下分为两个相带。

(4) 标定电流正方向

U_1 相带正方向为上,U_2 相带电流正方向为下。相邻相带电流正方向上下交替。

(5) 绕组端部连接

取线圈节距为短距 $[y \leqslant \tau$,大圈 $y=5$,小圈 $y=3$(同芯式)$]$,再以电流正方向连接端部。

由于主、辅助绕组是按分层布置的,只要保证两绕组在空间相隔 90°电角度,辅助绕组的排列及连接方法与主绕组相同。

2. 单相正弦绕组

图 1-9-4 是以相对单位表示的正弦绕组各槽导体的分布情况和绕组接线展开图示例。

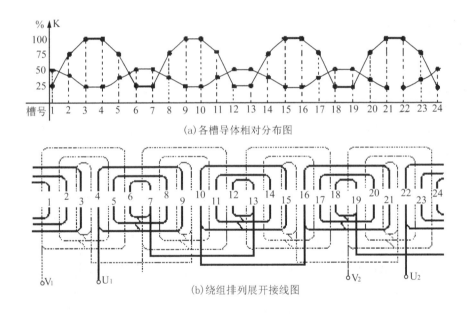

(a) 各槽导体相对分布图

(b) 绕组排列展开接线图

图 1-9-4 单相 24 槽四极电机正弦绕组的分布示意及分布排列展开接线图

其绕组的结构特征如下:

① 绕组是由双层或单双层同芯式线圈构成的;

② 正弦绕组每极由匝数不等的几个线圈组成;

③ 每极相槽数(相带)

$$q = \frac{Z}{2 \times 2p}$$

④ 线圈节距 y　大节距　$y_1 = \tau$　或　$y_1 = \tau - 1$

中节距　$y_2 = y_1 - 2$

小节距　$y_3 = y_2 - 2$

由于正弦绕组在气隙中能产生较理想的正弦磁势,可基本消除三次谐波,并能有效地削弱高次谐波，具有良好的电磁性能，从而改善单相电机的启动性能，提高运行效率，故目前已在单相电机中普遍应用。

三、单相异步电机的典型附件

(一) 离心开关

1. 结构

图 1-9-5(a)、(b) 所示为离心开关的结构示意图。图中所示离心开关主要包括旋转和固定两部分，旋转部分装在转子转轴上，随转子一起旋转，固定部分装配在单相电机的前端盖内。

2. 工作原理

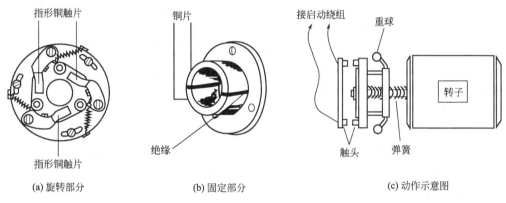

图 1-9-5　离心开关结构示意图

工作原理如图 1-9-5(c) 所示，它是利用一个随转轴一起转动的部件——离心块，来进行工作的。电机在低速和静止状态时，触头受弹簧压力而闭合，辅助绕组被接入，电机顺利启动；启动后，电机升速至 $75\%n_N$ 时，离心力增大，大于弹簧压力，触头分开切除辅助绕组。

现在的单相电机已较少采用离心开关来作为启动装置，而采用各种启动继电器。启动继电器通常装在电机机壳上面，检查、维修都极其方便。常用的继电器有电压型、电流型、差动型三种。

(二) 电压型启动继电器

其接线如图 1-9-6 所示，将继电器的电压线圈跨接在电机辅助绕组上，常闭触点串联接在辅助绕组的电路中。接通电源后，主、辅助绕组中均有电流通过。这时电机开始启动。由于跨在辅助绕组上的电压线圈阻抗比辅助绕组大，故电机在低速运行时，流过电压线圈中的电流很小。但随着转速不断升高，辅助绕组中的反电势逐渐增大，使得电压线圈中的电流也逐渐增大。

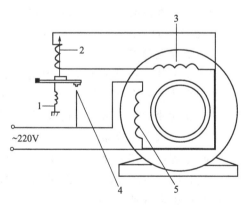

图 1-9-6　电压型启动继电器原理图
1—弹簧；2—电压线圈；3—辅助线圈；
4—常闭触头；5—主绕组

当转速达到一定数值时，电压线圈产生的电磁力克服弹簧的拉力使常闭触点断开，从而切断了辅助绕组与电源的连接。由于启动用辅助绕组内的感应电动势使电压线圈中仍有电流流过，故仍能保持触点在断开位置，从而保证电动机在正常运行时辅助绕组不会接入电源。

(三) 电流型启动继电器

其接线如图1-9-7所示,启动继电器的电流线圈与电机主绕组串联,常开触点则与电机辅助绕组串联。电机未接通电源时,常开触点在弹簧压力的作用下处于断开状态。而当电机接通电源进入启动阶段时,比额定电流大几倍的启动电流流经继电器线圈,使继电器的铁芯产生很大的电磁力,该电磁力足以克服弹簧压力使常开触点闭合,从而将辅助绕组与电源接通,电机启动。随着转速不断上升,电流逐渐减小。当转速达到额定转速的70%～80%,主绕组内的电流已减得很小。这时启动继电器电流线圈产生的电磁力将小于弹簧压力,常开触点又被断开,辅助绕组的电源被切断。至此,启动过程结束。

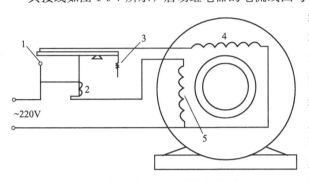

图1-9-7 电流型启动继电器原理接线图
1—触头;2—电流线圈;3—弹簧;4—辅助线圈;5—主线圈

(四) 差动型启动继电器

其接线如图1-9-8所示,差动式启动继电器有电流和电压两个线圈,因而工作更为可靠。它的电流线圈与电机的主绕组串联,电压线圈则经过常闭触点与电机的辅助绕组并联。

当电机接通电源时,主绕组和电流线圈中的启动电流很大,使电流线圈产生的电磁力足以保证触点能可靠闭合。启动以后电流逐步减小,电流线圈产生的电磁力也随之减小。于是,电压线圈的电磁力使触点断开,切除了辅助绕组电源。至此,电机的启动过程完毕。

(五) 电容器

单相异步电机所采用的电容器有纸介、油浸和电解三种,先对各自的结构作大致的介绍。

1. 电容器的结构

(1) 纸介电容器

它采用两片金属薄膜长条,中间隔了一层或数层蜡纸作为介质,将金属薄膜长条卷成筒放入金属容器内,从金属薄膜片上引出两根接线端子以供接线用。

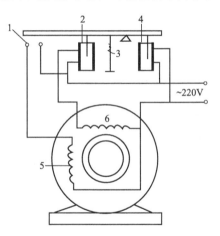

图1-9-8 差动型启动继电器原理接线图
1—触头;2—电流线圈;3—弹簧;
4—电压线圈;5—辅助线圈;6—主线圈

(2) 油浸纸介电容器

这种电容器中作为介质的绝缘纸是用油浸过的,紧缩卷成筒后放入装有绝缘油的金属容器内,这样既可以增加电容器的绝缘强度,又有利于散热。

(3) 电解电容器

它的结构特点是一个极板由高纯度(99.95%以上)的铝箔制成,并通过化学腐蚀加工使铝箔表面起伏不平,从而增大极板的有效面积,它的工作介质则是利用电化学方法在铝金属表面生成的一层极薄的氧化膜,另一个极板不是金属,而是糊状的电解质,将这种糊状电解质附在薄纸上,其引线借助于另一个铝箔而作为电容器的另一个极。把铝箔与浸有电解质的薄纸叠起来并卷成圆形,密封在金属外壳内。将两个极板的接线端子引出来,并分别标上"＋"和"－"极性。

对于有极性的电解电容器，如果加上相反极性的电压，电解电容器就会被击穿而损坏。所以有极性的电解电容器用在交流电路时，其通电时间必须在几秒钟以内，并且重复使用的次数不能太频繁，否则极易损坏电容器。这样电解电容在交流电路中的使用就受到了限制，然而在相同电容量和工作电压的情况下，电解电容器的价格比纸介电容器要便宜得多。为了扬长避短地使用好电解电容，生产厂家制造出了无极性电解电容，这种电容器适合长期工作在交流电路中。

2. 电容器的故障

电容器是单相电容分相式电机中必不可少的重要元件，利用电容移相作用，可以使单相电容分相式电机获得良好的启动和运转特性。电容器经过长期的使用或存放后，容易产生故障，常见的故障如下。

(1) 过电压击穿

工作在超过额定值的高电压下，电容器的绝缘介质被击穿而产生短路或断路。

(2) 电容量消失

长期置于干燥高温的地方，其电解质干涸而使电容量变小，甚至自然消失。

(3) 电容器断路

长期保管不当，致使引线、引线端头等受潮腐蚀、霉烂，引起接触不良或断路故障。

上述故障会影响电容分相式电机的正常工作，严重时可能烧毁电机绕组。因此，发现问题就要进行故障分析，仔细检查予以修复。

3. 电容器的故障检查

(1) 电容量的检查

检查电容器容量时，可将被测电容器接入 220V、50Hz 的交流电路中，如图 1-9-9 所示，测量出通过电容器两端的电压和电流。由下式算出电容器的电容量：

$$C = \left(\frac{I}{\omega U}\right) \times 10^6 \ (\mu F)$$

(2) 电容器断路和短路的检查

用图 1-9-9 检查电容量的电路也可以检查电容器的断路和短路故障。当电容器断路时，所接电流表的读数将为零；当电容器短路时，则电压表的读数将为零。为了保护电路中的电流表，须在电路中串入合适的熔断器。

另外用指针式万用表也可检查电容器的断路和短路：将表拨至 ×10kΩ 或 ×1kΩ 挡，用螺丝刀短接电容两极进行放电后，用万用表测量电容器两极之间的电阻。若阻值很大，即表针不动且又无充电现象，可能是电容器的出线端

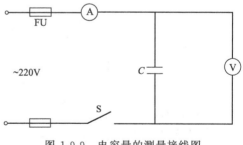

图 1-9-9　电容量的测量接线图

与极片脱离的断路故障；若阻值极小，表针不返回原处就为极间短路故障；当指针先大幅度摆向电阻零位后慢慢返回表面几百 kΩ 位置，说明电容器完好。

4. 电容器的选用

单相电容分相式电机所用电容器的容量一般均不大于 150μF。若电容器损坏，应按厂家原配电容器的型号和规格进行更换。也可参照同类型的单相电机选用电容器。

选用电容器除了考虑电容量和额定电压值外，还应按不同用途、需要及经济性来选用。

若电容器仅做启动用,由于其带电工作时间短,可选用价格较便宜的电解电容器。若电容器参与电机运转,严禁选用有极性的电解电容。

四、单相异步电机常见故障分析

见表 1-9-1。

表 1-9-1 单相电容分相式电机常见故障检修一览表

故障现象	产生原因	检修方法
通电后电机不能启动	①电源不通; ②主绕组、辅助绕组开路或烧坏; ③电容器击穿、漏电或失效; ④转轴弯曲使转子单边或咬死; ⑤轴承损坏或卡住; ⑥端盖装合不到位,使转子与定子圆周不同心	①检查电源、熔丝、插头、导线等,是否开路并予以修理或换新; ②修理或更换绕组; ③更换同规格电容器; ④校直转轴; ⑤更换轴承; ⑥重装端盖
电机运行时温升过高	①定子绕组匝间短路; ②绕组接线错误; ③电机冷却风道有杂物堵塞; ④轴承内润滑油干涸; ⑤轴承与轴配合过紧; ⑥转轴弯曲变形增加负荷	①重换绕组; ②改正接线; ③清除杂物,理通风道; ④清洗轴承,加足润滑油; ⑤用绞刀绞松轴承孔; ⑥校直转轴
通电后启动慢	①定、转子不同心; ②主绕组或辅助绕组中有局部短路; ③电容器规格不符或容量变小; ④转子鼠笼条或端环断裂	①调整端盖螺钉,使其同心; ②排除短路故障或拆换绕组; ③调换合格电容器; ④修理或调换转子
电机运转中有异常响声	①定子与转子端面未对齐; ②定、转子之间有硬杂物碰触; ③轴承内径磨损,引起径向跳动,严重时造成转子扫膛; ④转子轴向移位过大,运转中发生轴向窜动	①对齐定子转子端面; ②清除杂物; ③更换轴承; ④增加轴上垫圈
电机外壳带电	①定子绕组绝缘老化,与外壳短路; ②连接线或引出线绝缘破损碰壳; ③泄漏电流大; ④电容器漏电; ⑤定子绕组局部烧坏碰壳	①更换定子绕组,处理好绝缘; ②修理连接线或更换引出线; ③加强绝缘,装好保护接地线; ④更换电容器; ⑤拆换损坏绕组
电机通电后不转,但可按手捻动方向转动	①电容器失效; ②辅助绕组与电容器接触不良; ③主绕组或辅助绕组开路或损坏	①更换同规格电容; ②焊好接头; ③修复或拆换坏绕组
电机运转失常,有时还倒转	①电容器失效; ②辅助绕组损坏; ③电机绕组接头接错; ④电容器和辅助绕组连接线断脱	①更换同规格电容; ②修复或更换辅助绕组; ③纠正接线错误; ④焊好连接线

五、实训要求

① 实际动手修理一台单相异步电机(洗衣机电机、抽油烟机电机)。并要求测绘出电机的基本参数和展开图。

② 分析图 1-9-2 中的各接线方式的工作原理。
③ 观察离心开关实物及启动继电器。
④ 检测电容器，并判断电容器的好坏。
⑤ 阅读单相异步电机常见故障分析表。

六、实训记录

1. 单相电机绕组拆卸记录（表 1-9-2）

表 1-9-2　单相电机绕组拆卸记录

铭牌数据	型号___　　功率___　　频率___　　编号___ 电压___　　电流___　　温升___ 转数___　　电容___　　制造厂___　　制造日期___						
绕组数据	绕组名称	线径	支路数	节距	匝数	下线形式	端部伸出长度	接线图
	主绕组							
	副绕组							
铁芯数据	外径 D_2		内径 D_1		长度 L	总槽数 Z	槽深 h	槽宽 S

2. 电容分相式电机拆卸、清洗和装配
（1）拆卸
① 拆卸工具：_____。
② 拆卸前所作记号位置：_____。
③ 拆卸步骤：_____。
④ 全部解体后的零部件清单：_____。
（2）清洗
① 清洗剂：_____。
② 清洗工具：_____。
③ 清洗部件名称及先后顺序：_____。
（3）装配
① 步骤：_____。
② 润滑油型号：_____。
③ 核对记号情况：_____。
④ 更换机件的名称及数量_____
3. 展开图
4. 嵌线方法（顺序表）
5. 电容器检测记录

七、实训考核

见表 1-9-3。

表 1-9-3 实训项目量化考核表

项目内容	考 核 要 求	配分	扣 分 标 准	得分
基本参数记录	正确记录基本参数，明白各基本参数的实际意义及重要性	10分	填错或空一项扣2分	
绕组拆除与清理	在规定的时间内完成绕组的拆除；定子铁芯槽清理干净，铁芯片变形或移位能修复；不损坏铁芯片，不留毛刺	15分	绕组拆除限时60min超时10min扣5分；定子铁芯槽清理不净的每槽扣2分；铁芯片变形或移位不修复，每片扣2分	
线圈绕制	线圈绕制整齐、规范；匝数合适；扎线规矩；过桥线留的长度合适	15分	线圈绕制过大扣10分，过小扣5分；线圈匝数多少，出错一匝扣1分；双线圈单个绕制，出错一次扣5分；线圈绕制不整齐，每个扣2分，匝数缺少一匝扣1分	
嵌 线	准确应用实际嵌线电机的嵌线规律；绕组叠压规律正确；绕组两端面线圈平齐；槽绝缘纸无破损；槽楔长度合适	50分	线圈两端面有一线圈不平齐扣2分；槽绝缘纸长或短于规定每条扣2分；槽绝缘纸破损1个槽口扣2分；槽楔长或短于规定每条扣2分；线圈整个放大扣30分	
检测电容	会测试电容的好坏；能判断电容的质量	10分	不会测试扣10分；判断错误每次扣5分	
安全文明操作	每违反一次扣10分			
指导教师（签字）				

实训十 直流电机的拆装与检修

一、直流电机的拆装

与交流异步电机相比，直流电机在结构上由于有换向器、电刷的存在，给直流电机的拆装带来了一定的困难和麻烦，因此在拆装前，务必要弄清直流电机结构上的特点，特别是要了解换向器和电刷装置，以利于直流电机的拆装。

1. 直流电机的拆卸

① 拆除电机的外部连接线，并做好标记；

② 拆卸皮带轮或联轴器；

③ 拆卸换向器侧的端盖螺钉和轴承外盖螺钉，并取下轴承外盖；

④ 打开端盖的通风窗，从刷握中取出电刷，再拆卸接在刷杆上的连接线；

⑤ 拆卸换向器侧的端盖，取出刷架；

⑥ 用厚纸或布将换向器包好，以保持清洁及避免碰伤；

⑦ 拆卸轴伸侧的端盖螺钉，将电枢同端盖一起抽出，并放在木架上；

⑧ 拆卸轴伸侧的轴承外盖螺钉，取下轴承外盖、端盖及轴承，若轴承无损坏则不必拆卸。

2. 直流电机的装配

按拆卸时的相反步骤进行，装配后要注意把刷杆座调整到标记位置。

3. 拆装工艺要点

直流电机的拆装工艺要点与交流异步电机基本相似，仅增加了电刷装置的拆装。在拆装电刷装置时要注意先后顺序，拆卸时一定要掀起刷握上的压紧弹簧，先取出电刷，再抽电枢转子。

二、直流电机的检修

由于直流电机结构上的特殊性，对电枢绕组和换向器以及电刷装置的检修是直流电机检修的重点和难点。

直流电机的检修工作通常包括电机的维护，电枢绕组、换向器及电刷装置的修理，以及修理后的测试。

（一）直流电机的维护

直流电机的维护除了与交流异步电机有相同的程序步骤之外，还应增加换向器表面的处理，电刷装置的检查、维护及电刷中性线位置的调整。

1. 换向器的维护

换向器表面应十分光洁，如有轻微的火花灼痕，可用400号左右的水砂纸在旋转着的换向器表面仔细研磨。如换向器表面灼痕严重或外圆变形，则需用外圆磨床进行磨削修理。

换向器在长期运行后，其表面会形成一层暗褐色有光泽的坚硬氧化膜，它能起到保护换向器的作用，不要用砂纸磨掉；若换向器表面有污垢，可用棉纱稍蘸一点汽油将其擦净。

2. 电刷装置的维护

电刷是直流电机换向器上传导电流的滑动接触件，必须正确选择与定时更换，以保证运行可靠，延长换向器的使用寿命。

（1）电刷的更换

电刷磨损过多或接触不良，必须予以更换或调整。更换电刷时，整台电机必须使用同一型号的电刷，否则，会引起电刷间负荷分配不均，对电机的运行不利，且对换向器的表面质量也有影响。更换电刷后，先加25%～50%的负载运行12h以上，使电刷磨合好后再满载运行。

（2）电刷的研磨

电刷更换后必须将电刷与换向器接触的表面用400号以上的水砂纸研磨光滑，使电刷与换向器的接触面积占到整个电刷截面积的80%以上，保证电刷与换向器的工作表面吻合良好。研磨用砂纸的宽度与换向器的长度等同，砂纸的长度约为换向器的圆周长；再剪一块胶布，它的一半贴牢在砂纸上，另一半按转子旋转的方向贴在换向器上，然后慢慢扳动转子，使电刷与换向器表面吻合，并进行磨合。研磨的方法见图1-10-1所示。

3. 电刷中性线位置的调整

为保证电机运行性能良好，电机的电刷必须放在中性线位置上，因为该位置当电机在发电空载状态运转时，其励磁电流和转速不变，换向器上可获得最大感应电动势。

确定电刷中性线位置的方法有感应法、正反转发电机法和正反转电动机法。一般采用感应法，因为它简单，电机不需转动，准确率较高。感应法接线如图1-10-2所示，在被测试电机的相邻两个电刷上接一个毫伏表，电枢静止不动，在电机励磁绕组上接一个低压直流电源。并使该电源交替通断，当电刷不在中性线位置时，毫伏表上将有读数。此时移动电刷位置，直到毫伏表上读数为零时，即为电刷中性线位置。

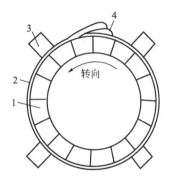

图 1-10-1　电刷的研磨
1—换向器；2—砂纸；
3—电刷；4—橡皮胶布

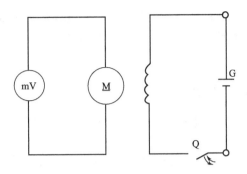

图 1-10-2　感应法测电刷中性线位置接线图

4. 直流电机运转测试

直流电机有的故障在静止状态下是无法发现的，必须启动运转，观察各部分运转情况是否正常。由于直流电机拖动的机械负载是可调的，运转测试时应从电机额定电流的50%开始，以额定电流的10%~20%逐次增加，一直增加到额定电流为止，观察电机在不同大小负载下运行的情况。

运转测试时需观察的内容如下。

① 轴承转动是否轻快、和谐、有无杂声。

② 电机各部位的温升是否超过表1-10-1的规定。

表 1-10-1　直流电机各部分的温升限度/K

发热部位名称	绝缘等级（E级）		绝缘等级（B级）		绝缘等级（F级）		绝缘等级（H级）	
	温度计法	电阻法	温度计法	电阻法	温度计法	电阻法	温度计法	电阻法
电枢绕组	65	75	70	80	85	100	105	125
励磁绕组	75	75	80	80	100	100	125	125
换向极绕组	80	80	90	90	110	110	135	135
铁　芯	75	—	80	—	100	—	125	—
换向器	70	—	80	—	90	—	100	—

③ 电机的振动（两倍振幅值）是否超过表1-10-2的规定。

表 1-10-2　直流电机允许的振动值

转速/(r/min)	3000	1500	1000	750	600	500 以下
振动值/mm	0.050	0.085	0.100	0.120	0.140	0.200

④ 电机从空载到满载整个过程运行时，换向器上的火花等级不能超过 $1\frac{1}{2}$ 级。火花等级标准见表1-10-3。

表 1-10-3 直流电机换向器的火花等级

火花等级	电刷下的火花程度	换向器及电刷的状态
1	无火花	换向器上没有黑痕,电刷上也没有灼痕
$1\frac{1}{4}$	电刷边缘仅小部分有微弱的点状火花,或由非放电性的红色小火花	
$1\frac{1}{2}$	电刷边缘大部分或全部有轻微的火花	换向器上有黑痕出现但不发展,用汽油擦其表面即能除去,同时在电刷上有轻微灼痕
2	电刷边缘大部分或全部有较强烈的火花	换向器上有黑痕出现,用汽油不能擦除,同时在电刷上有灼痕,但短时运行换向器上无黑痕出现,电刷也不被烧焦或损坏
3	电刷的整个边缘有强烈的火花,同时有大火花飞出	换向器上的黑痕相当严重,用汽油不能擦除,同时在电刷上有灼痕,短时运行换向器上就出现黑痕,电刷也被烧焦或损坏

直流电机在运转测试过程中,如发现任何不正常,应立即停机检修。停机前最好将负载卸掉或尽可能减小。

若为变速电机,还应将转速逐步降低到最低值。

(二) 电枢绕组的修理

1. 短路

当电枢绕组由于短路故障而烧毁时,可通过观察找到故障点,也可将 6~12V 的直流电源接到换向器两侧,用直流毫伏表测量各相邻的两个换向片的电压值,以足够的电流通入电枢,使毫伏表的读数约指在全读数的 3/4 处,从 1、2 片开始,逐片检查,毫伏表的读数应是有规律的,如果出现读数很小或近于零,表明接在这两个换向片上的线圈一定有短路故障存在,若读数为零,多为换向器片间短路。如图 1-10-3 所示。

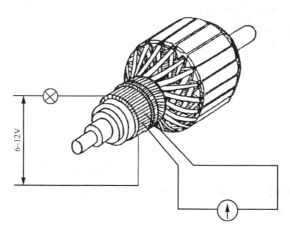

图 1-10-3 电枢绕组短路的检查

绕组短路的原因,往往是绝缘损坏,使同槽线圈匝间短路,或上下层间线圈短路。若电机使用不久，绝缘并未老化，当一个或两个线圈有短路时，可以切断短路线圈，在两个换向片上接以跨接线，继续使用。若短路线圈过多，则应重绕。

2. 断路

绕组断路的原因，多数由于换向片与导线接头片焊接不良，或个别线圈内部导线断线，这时的现象是在运行中电刷下发生不正常的火花。检查方法如图1-10-4所示，将毫伏表跨接在换向片上（直流电源的接法同前），有断路的绕组所接换向片被毫伏表跨接时，将有读数指示，且指针剧烈跳动（要防止损坏表头），但毫伏表跨接在完整的绕组所接的换向片上时，将无读数指示。

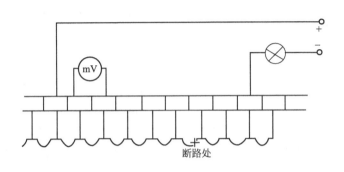

图1-10-4 电枢绕组断路的检查

紧急处理方法，在叠绕组中，将有断路的绕组所接的两相邻换向片用跨接线连起来，在波绕组中，也可用跨接线将有断路的绕组所接的两换向片接起来，但这两个换向片相隔一个极距，而不是邻近的两片。

3. 接地

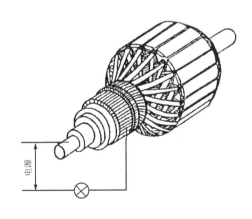

图1-10-5 电枢绕组接地的检查

产生绕组短路接地的原因，多数由于槽绝缘及绕组元件绝缘损坏，导体与砖坯钢片碰接所致。也有换向器接地的情况，但并不多见。

检验绕组是否接地的方法较简单，将电枢取出搁在支架上，将电源线的一根线串接一个灯泡接在换向片上，另一根线接在轴上，如图1-10-5所示。若灯泡发亮，则说明此线圈接地。具体到哪一槽的线圈接地，就得使用毫伏表测出。将毫伏表一端接轴，另一端与换向片依次接触，若是完好的线圈，则毫伏表指针摆动；当与接地线圈所连接的换向片接触时，则指针不动。

要判明是线圈接地还是换向器接地，需进一步检查，将接地线圈的接线头从换向片上脱焊下来，分别测试，就能确定。

（三）换向器的修理

1. 片间短路

当用毫伏表找出电枢绕组短路处后，为了确定短路故障是发生在绕组内还是在换向片之间，先将与换向片相连的绕组线头脱焊开，然后用万用电表检验换向器片间是否短路，如果发现片间表面短路或有火花灼烧伤痕，修理时，只要刮掉片间短路的金属屑、电刷粉末、腐蚀性物质及尘污等，直到用万用电表检验无短路为止。再用云母粉末或者小块云母加上胶水填补孔洞使其干燥。若上述方法不能消除片间短路，那就得拆开换向器，检查其内表面。

2. 接地

换向器接地经常发生在前面的云母环上，这个环有一部分露在外面，由于灰尘、油污和其他碎屑堆积在上面，很容易造成漏电接地故障。发生接地故障时，这部分的云母片大都已经烧毁，故障查找比较容易，再用万用电表进一步确定故障点，修理时，把换向器上的紧固螺帽松开，取下前面的端环，把因接地而烧毁的云母片刮去，换上同样尺寸和厚薄的新云母片，装好即可。

3. 换向片凹凸不平

该故障主要是由于装配不良或过分受热所致，使换向器松弛，电刷下产生火花，并发出"夹夹"的声音，修理时，松开端环，将凹凸的换向片校平，或加工车圆。

4. 云母片凸出

换向片的磨损通常比云母快，就形成云母片凸出，修理时，把凸出的云母片刮削到比换向片约低1mm，刮削要平整。

三、 常见故障分析与处理

表1-10-4列出了直流电动机常见的故障现象、原因与处理方法，供检修时参考。

表 1-10-4　直流电机常见故障与处理方法

故障现象	可 能 原 因	处 理 方 法
电刷下火花过大	①电刷与换向器接触不良； ②刷握松动或安装位置不正确； ③电刷压力大小不当或不均匀； ④换向器表面不光洁、不圆，有污垢或换向片间云母突出； ⑤电刷位置不在中性线上； ⑥过载； ⑦换向极绕组短路； ⑧电枢绕组与换向器脱焊； ⑨换向极绕组接反	①研磨电刷接触面，并在轻载下运转半小时至1小时； ②紧固或重新调整位置； ③用弹簧秤校正电刷压力为150～250g/cm²； ④清洁或修理换向器； ⑤调整刷杆座至原有记号的位置，或用感应法调整电刷位置； ⑥降低负载或更换容量较大的电机； ⑦检修绝缘损坏处； ⑧检查出脱焊部分，重新焊接； ⑨纠正电机的换向极与励磁绕组极性关系
不能启动	①无电源； ②过载； ③启动电流太小； ④电刷接触不良； ⑤励磁回路断路	①检查启动器接线是否有误，熔断器是否熔断，线路是否完好； ②减少负载； ③检查所用启动器是否合适； ④改善接触面或调整电刷压力； ⑤检查变阻器及励磁绕组是否断路，更换绕组
转速不正常	①电刷不在正常位置； ②串励电动机轻载或空载运转； ③串励绕组接反； ④励磁绕组回路电阻过大	①按所刻记号或感应法调整电刷位置； ②增加负载； ③纠正接线； ④检查励磁回路变阻器和励磁绕组电阻，并检查接触是否良好

续表

故障现象	可 能 原 因	处 理 方 法
电枢冒烟	①长期过载； ②负载短路； ③换向器或电枢短路； ④电动机端电压过低； ⑤定子、转子铁芯相互摩擦	①立即恢复正常负载； ②检查线路是否短路； ③立即用毫伏表检查是否短路，是否有金属屑落入换向器或电枢绕组； ④恢复电压至正常值； ⑤检查电动机气隙是否均匀，轴承是否磨损
励磁线圈过热	①并励绕组部分短路； ②电机转速太低； ③电机端电压长期超过额定值	①分别测量每一绕组电阻，修理或调换电阻特别低的绕组； ②提高转速至额定值； ③恢复端电压至额定值
电动机振荡	①电刷位置未在中性线上； ②串励绕组或换向极绕组接反； ③励磁电流太小或励磁电路短路； ④电机电源波动	①按所刻记号或感应法调整电刷位置； ②改正接线； ③增加励磁电流或检查励磁电路中有无短路故障； ④检查电枢电压
机壳带电	①绝缘电阻过低； ②引出线头碰外壳； ③绕组或引线某处绝缘损坏	①测量电机绝缘电阻，低于 $0.5M\Omega$ 应加以烘干； ②重新包扎引线接头； ③加强绝缘

四、 实训要求

① 两人一台小型直流电机进行拆卸，并填写记录。
② 按一般维护的要求对换向器进行检修，并填写记录。
③ 能判断出直流电机的常见故障及原因。

五、 实训记录

① 拆卸前标记，联轴器或皮带轮与轴台的距离＿＿＿＿＿＿ mm，出轴方向为＿＿＿＿＿＿，电源引线位置＿＿＿＿＿＿＿＿＿＿。

② 拆卸顺序为 ＿＿＿＿＿＿＿＿＿＿＿＿＿＿，＿＿＿＿＿＿＿，＿＿＿＿＿＿＿＿＿＿＿＿＿＿＿＿＿，＿＿＿＿＿＿＿＿，＿＿＿＿＿＿＿＿＿＿＿＿＿＿＿＿＿，＿＿＿＿＿＿＿＿。

③ 换向器的检修记录表（表1-10-5）

表1-10-5 换向器检修记录表

内　　容	记　　　　　录			结　　论
清洗换向器表面				
检查换向器表面痕迹	有无擦痕	有无烧痕及烧痕深度	有无沟槽及沟槽深度	
换向器表面研磨修复	修复步骤			
	修复效果			
修复后电刷和换向器磨合及负载下火花情况	磨 合	磨合时间		
		磨合后接触面积		
	火花情况	火花状况描述		
		评定等级		

六、实训考核

见表 1-10-6。

表 1-10-6 实训项目量化考核表

项目内容	考核要求	配分	扣分标准	得分
拆卸电机	拆卸方法正确,顺序合理,不碰伤绕组、部件无损坏,所打标记清楚	30 分	拆卸方法不正确,每次扣 10 分;碰伤绕组或损坏零部件,每件扣 20 分;标记不清楚,每处扣 5 分	
装配电机	装配方法正确,顺序合理,重要及关键部件清洗干净,装配后转动灵活	40 分	装配方法错误,每次扣 10 分;轴承和轴承盖清洗不干净,每只扣 10 分;轴承装反或装法不当,每只扣 10 分;装配后转动不灵活扣 10 分	
电机检修	检修环节齐全、步骤规范,检修记录填写完整	20 分	检修步骤每少一步扣 10 分;轴承不加或多加润滑油扣 10 分;试运转不成功扣 10 分;绝缘电阻测量,每少测一项扣 5 分;换向器修复步骤不当扣 10 分	
故障分析	对常见的故障通过现象会判断、会分析,并能提出一般的处理方案及实施	10 分	给出电机不正常启动、转速过高及电枢发热等故障现象,每判断错一项扣 5 分	
安全文明操作	每违反一次扣 10 分			
限 时	拆装电机或检修电机分别限时为 120min 或 180min,每超过 1min 扣 1 分			
指导教师(签字)				

实训十一 小型单相变压器的绕制

小型单相变压器的绕制分设计制作和重绕修理制作两种。无论哪种,其绕制工艺都是相同的。设计制作是将使用者的要求作为依据,以满足要求进行设计计算后再绕制;而重绕修理制作是以原物参数作为依据,进行恢复性的绕制。下面先学习设计制作方式的变压器绕制。

一、小型单相变压器的设计制作

小型单相变压器的设计制作思路是:由负载的大小确定其容量;从负载侧所需电压的高低计算出两侧电压;根据用户的使用要求及环境决定其材质和尺寸。经过一系列的设计计算,为制作提供足够的技术数据,即可做出满足需要的小型单相变压器。

(一)设计计算

1. 计算变压器输出容量 S_2

输出容量的大小受变压器二次侧供给负载量的限制,多个负载则需要多个二次侧绕组,各绕组的电压、电流分别为 U_2、I_2,U_3、I_3,U_4、I_4,…,则 S_2 为

$$S_2 = U_2 I_2 + U_3 I_3 + \cdots$$

2. 估算变压器输入容量 S_1 和输入电流 I_1

对小型变压器,考虑负载运行时的功率损耗(铜损耗及铁损耗)后,其输入容量 S_1 的计算式为

$$S_1 = \frac{S_2}{\eta}$$

式中　η——变压器效率，始终小于1，1kV·A以下的变压器 $\eta=0.8\sim0.9$。

输入电流 I_1 的计算式为

$$I_1=(1.1-1.2)\frac{S_1}{U_1}\text{（A）}$$

式中　U_1——一次侧电压的有效值，V。

3. 变压器铁芯截面积的计算及硅钢片尺寸的选用

（1）截面积的计算　小型单相变压器的铁芯多采用壳式，铁芯中柱放置绕组。铁芯的几何形状如图1-11-1所示。它的中柱横截面 A_{Fe} 的大小与变压器输出容量 S_2 的关系为

$$A_{Fe}=k\sqrt{S_2}\text{（cm}^2\text{）}$$

式中　k——经验系数，大小与 S_2 有关，可参考表1-11-1。

表 1-11-1　经验系数 k 参考值

S_2/V·A	0～10	10～50	50～500	500～1000	1000以上
k	2	1.75～2	1.4～1.5	1.2～1.4	1

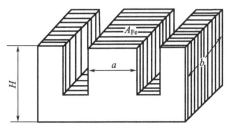

图 1-11-1　变压器铁芯尺寸

由图1-11-1可知，铁芯截面积为

$$A_{Fe}=ab$$

式中　a——铁芯柱宽，cm；
　　　b——铁芯净叠厚，cm。

由 A_{Fe} 计算值并结合实际情况，即可确定 a 和 b 的大小。

考虑到硅钢片间绝缘漆膜及钢片间隙的厚度，实际的铁芯厚度 b' 的计算式为

$$b'=\frac{b}{k_0}\text{（cm）}$$

式中　k_0——叠片系数，其取值范围参考表1-11-2。

表 1-11-2　叠片系数 k_0 参考值

名　称	硅钢片厚度/mm	绝缘情况	k_0
热轧硅钢片	0.5	两面涂漆	0.93
	0.35		0.91
冷轧硅钢片	0.35	两面涂漆	0.92
	0.35	不涂漆	0.95

（2）硅钢片尺寸的选用　表1-11-3列出了目前通用的小型变压器硅钢片的规格，可供参考。其中各部分之间的关系如图1-11-2所示。图中 $c=0.5a$，$h=1.5a$（当 $a>64$mm时，$h=2.5a$），$A=3a$，$H=2.5a$，$b\leqslant2a$。

如果计算求得的铁芯尺寸与表1-11-2的标准尺寸不符合，又不便于调整设计，则建议采用非标准铁芯片尺寸，并采用拼条式铁芯结构。

表 1-11-3　小型变压器通用硅钢片尺寸/mm

a	c	h	A	H	a	c	h	A	H
13	7.5	22	40	34	32	16	48	96	80
16	9	24	50	40	38	19	57	114	95
19	10.5	30	60	50	44	22	66	132	110
22	11	33	66	55	50	25	75	150	125
25	12.5	37.5	75	62.5	56	28	84	168	140
28	14	42	84	70	64	32	96	192	160

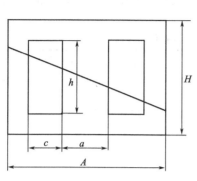 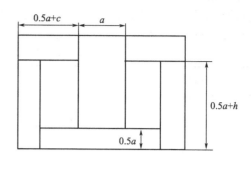

(a) 小变压器硅钢片尺寸　　　　　　(b) 拼条硅钢片尺寸

图 1-11-2　变压器硅钢片尺寸

(3) 硅钢片材料的选用　小型变压器通常采用 0.35mm 厚的硅钢片作为铁芯材料，硅钢片材料规格型号的选取，不仅受材料磁通密度 B_m 的制约还与铁芯的结构形状有关。

若变压器采用 E 字型铁芯结构，硅钢片材料可选用：

冷轧硅钢片 D_{310}　　　　　　　　$B_m = 1.2 \sim 1.4\text{T}$

热轧硅钢片 D_{41}，D_{42}　　　　　　$B_m = 1.0 \sim 1.2\text{T}$

热轧硅钢片 D_{43}　　　　　　　　$B_m = 1.1 \sim 1.2\text{T}$

若变压器采用 C 字型铁芯或拼条式铁芯结构，硅钢片材料只能选用有趋向的冷轧硅钢片，因为这种材料使磁路有了方向性，顺向时磁阻小，并具有较高的磁通密度，磁通密度 B_m 可达 $1.5 \sim 1.6\text{T}$。而垂直方向时磁阻很大，磁通密度很小。

4. 计算每个绕组的匝数 N

由变压器感应电势 E 的计算公式

$$E = 4.44 fN\Phi_m = 4.44 fNB_m A_{Fe} \times 10^{-4}$$

得感应产生 1V 电势的匝数

$$N_0 = \frac{1}{4.44 fB_m A_{Fe} \times 10^{-4}} = \frac{45}{B_m A_{Fe}}$$

根据所使用的硅钢片材料选取 B_m 值，一般在 B_m 范围值内取下限值。再确定铁芯柱截面积 $A_{Fe} = ab$ 及 N_0，最后根据下式求取各个绕组的匝数。

一次侧绕组的匝数为：$N_1 = U_1 U_0$

二次侧绕组的匝数为：$N_2 = 1.05 U_2 N_0$

$$N_3 = 1.05 U_3 N_0$$

$$N_n = 1.05 U_n N_0$$

注意：式中二次侧绕组所增加的 5% 的匝数是为补偿负载时的电压降。

5. 计算每个绕组的导线直径并选择导线

由下式得出导线截面积 A_s

$$A_s = \frac{I}{j} \ (\text{mm}^2)$$

电流密度一般选取 $j = 2 \sim 3\text{A/mm}^2$；但在变压器短时工作时，电流密度可取

$j=4\sim 5\mathrm{A/mm^2}$。

再由计算出的 A_s 为依据,查表 1-11-4 选取相同或相近截面的导线直径 ϕ,根据 ϕ 值再查表,得到漆包导线带漆膜后的外径 ϕ'。

表 1-11-4 常用圆铜漆包线规格

导线直径 ϕ/mm	导线截面 A_s/mm²	导线最大外径 ϕ'/mm		导线直径 ϕ/mm	导线截面 A_s/mm²	导线最大外径 ϕ'/mm	
		油性漆包线	其他绝缘漆包线			油性漆包线	其他绝缘漆包线
0.10	0.00785	0.12	0.13	0.59	0.273	0.64	0.66
0.11	0.00950	0.13	0.14	0.62	0.302	0.67	0.69
0.12	0.01131	0.14	0.15	0.64	0.322	0.69	0.72
0.13	0.0133	0.15	0.16	0.67	0.353	0.72	0.75
0.14	0.0154	0.16	0.17	0.69	0.374	0.74	0.77
0.15	0.01767	0.17	0.19	0.72	0.407	0.78	0.80
0.16	0.0201	0.18	0.20	0.74	0.430	0.80	0.83
0.17	0.0255	0.20	0.22	0.80	0.503	0.86	0.89
0.18	0.0255	0.20	0.22	0.80	0.503	0.86	0.89
0.19	0.0284	0.21	0.23	0.83	0.541	0.89	0.92
0.20	0.03140	0.225	0.24	0.86	0.581	0.92	0.95
0.21	0.0346	0.235	0.25	0.90	0.636	0.96	0.99
0.23	0.0415	0.255	0.28	0.93	0.679	0.99	1.02
0.25	0.0491	0.275	0.30	0.96	0.724	1.02	1.05
0.28	0.0573	0.31	0.32	1.00	0.785	1.07	1.11
0.29	0.0667	0.33	0.34	1.04	0.849	1.12	1.15
0.31	0.0755	0.35	0.36	1.08	0.916	1.16	1.19
0.33	0.0855	0.37	0.38	1.12	0.985	1.20	1.23
0.35	0.0962	0.39	0.41	1.16	1.057	1.24	1.27
0.38	0.1134	0.42	0.44	1.20	1.131	1.28	1.31
0.41	0.1320	0.45	0.47	1.25	1.227	1.33	1.36
0.44	0.1521	0.49	0.50	1.30	1.327	1.38	1.41
0.47	0.1735	0.52	0.53	1.35	1.431	1.43	1.46
0.49	0.1886	0.54	0.55	1.40	1.539	1.48	1.51
0.51	0.204	0.56	0.58	1.45	1.651	1.53	1.56
0.53	0.221	0.58	0.60	1.50	1.767	1.58	1.61
0.55	0.238	0.60	0.62	1.56	1.911	1.64	1.67
0.57	0.255	0.62	0.64				

6. 核算铁芯窗口的面积

核算所选用的变压器铁芯窗口能否放置得下所设计的绕组。如果放置不下,则应重选导线规格,或者重选铁芯。其核算方法如下。

① 根据铁芯窗高 h(mm),求取每层匝数 N_i 为

$$N_i = \frac{0.9 \times [h - (2 \sim 4)]}{d'}$$

式中的系数 0.9 为考虑绕组框架两端各空出 5% 的地方不绕导线而留的裕度,而"(2~4)"为考虑绕组框架厚度留出的空间。

② 每个绕组需绕制的层数 m_i 为

$$m_i = \frac{N}{N_i}$$

③ 计算层间绝缘及每个绕组的厚度 $\delta_1, \delta_2, \delta_3, \cdots$。

通常使用的绝缘厚度尺寸主要如下。

一、二次侧绕组间绝缘的厚度 δ_0 为 1mm，外包对地绝缘为二层电缆纸（2×0.07mm）夹一层黄蜡布（0.14 mm），合计厚度 $\delta_0=1.28$mm；

绕组间绝缘及对地绝缘的厚度 $r=0.28$mm；

导线为 ϕ0.2mm 以下的用一层 $0.02\sim0.04$mm 厚的透明纸（白玻璃纸）；导线为 ϕ0.2mm 以上的用一层 $0.05\sim0.07$mm 厚的电缆纸（或牛皮纸），更粗的导线用一层 0.12mm 的青壳纸。

最后可求出一次侧绕组的总厚度 δ_1 为

$$\delta_1=m_i(d'+\delta')+r \quad (\text{mm})$$

同理可求出二次侧每个绕组的总厚度 δ_2, δ_3。

④ 全部绕组的总厚度为

$$\delta=(1.1\sim1.2)(\delta_0+\delta_1+\delta_2+\delta_3+\cdots) \quad (\text{mm})$$

式中系数（$1.1\sim1.2$）为考虑绕制工艺因素而留的裕量。

若求得绕组的总厚度 δ 小于窗口宽度 C，则说明设计方案可以实施；若 δ 大于 C，则方案不可行，应调整设计。设计计算调整的思路有二：其一是加大铁芯叠厚 b'，使铁芯柱截面积 A_{Fe} 加大，以减少绕组匝数。经验表明，$b'=(1\sim2)a$ 为较合适的尺寸配合，故不能任意增大叠厚；其二是重新选取硅钢片尺寸，如加大铁芯柱宽 a，可增大铁芯截面积 A_{Fe}，从而减少匝数。

（二）绕组制作

小型变压器的绕组制作一般按以下步骤进行。

1. 木芯与线圈骨架的制作

（1）木芯的制作

在绕制变压器线圈时，将漆包线绕在预先做好的线圈骨架上。但骨架本身不能直接套在绕线机轴上绕线，它需要一个塞在骨架内腔中的木质芯子，木芯正中心要钻有供绕线机轴穿过的 ϕ10mm 孔，孔不能偏斜，否则由于偏心造成绕组不平稳而影响线包的质量。

木芯的尺寸：截面宽度要比硅钢片的舌宽略大 0.2mm，截面长度比硅钢片叠厚尺寸略大 0.3mm，高度比硅钢片窗口约高 2mm。外表要做得光滑平直。

（2）骨架的制作

一种是简易骨架，用青壳纸在木芯上绕 $1\sim2$ 圈，用胶水粘牢，其高度略低于铁芯窗口高度。骨架干燥以后，木芯在骨架中能插得进、抽得出。最后用硅钢片插试，以硅钢片刚好能插入为宜。绕制时要特别注意线圈绕到两端，在绕制层数较多时容易散塌，造成返工。

另一种是积木式骨架，形状见图 1-11-3 所示，能方便地绕线和增强线包的对地绝缘性能。材料以厚度为 $0.5\sim1.5$mm 厚的胶木板、环氧树脂板、塑料板等绝缘板为宜，骨架的内腔与简易骨架尺寸相同，具体下料如图 1-11-4 所示。

材料下好，打光切口的毛刺后，在要粘合的边缘，特别是榫头上涂好粘合剂，进行组合，待粘合剂固化后，再用硅钢片在内腔中插试，如尺寸合适，即可使用。

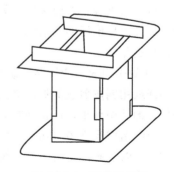

图 1-11-3 积木式骨架

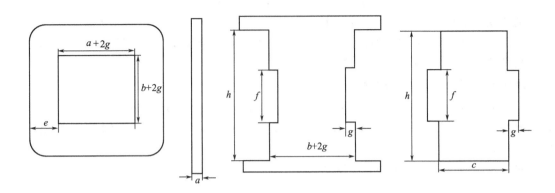

图 1-11-4　积木式骨架下料图

2. 线圈的绕制步骤

① 起绕时,在导线引线头上压入一条用青壳纸或牛皮纸片做成的长绝缘折条,待绕几匝后抽紧起始头,如图 1-11-5(a) 所示。

② 绕线时,通常按照一次侧绕组→静电屏蔽→二次侧高压绕组→二次侧低压绕组的顺序,依次叠绕。当二次侧绕组的组数较多时,每绕制一组用万用表检查测量一次。

③ 每绕完一层导线,应安放一层层间绝缘,并处理好中间抽头,导线自左向右排列整齐、紧密,不得有交叉或叠线现象,绕到规定匝数为止。

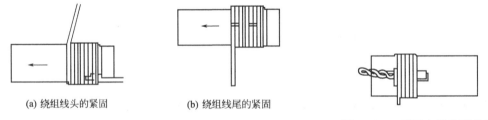

(a) 绕组线头的紧固　　　(b) 绕组线尾的紧固

图 1-11-5　绕组的绕制　　　　图 1-11-6　利用本线作引出线

④ 当绕组绕至近末端时,先垫入固定出线用的绝缘带折条,待绕至末端时,把线头穿入折条内,然后抽紧末端线头,如图 1-11-5(b)所示。

⑤ 取下绕组,抽出木芯,包扎绝缘,并用胶水粘牢。

3. 绕制工艺要点

① 对导线和绝缘材料的选用。导线选用缩醛或聚酯漆包圆铜线。绝缘材料的选用受耐压要求和允许厚度的限制,层间绝缘按两倍层间电压的绝缘强度选用,常采用电话纸、电缆纸、电容器纸等,在要求较高处可采用聚酯薄膜、聚四氟乙烯或玻璃漆布;铁芯绝缘及绕组间绝缘按对地电压的两倍选用,一般采用绝缘纸板、玻璃漆布等,要求较高的则采用层压板或云母制品。

② 做引出线。变压器每组线圈都有两个或两个以上的引出线,一般用多股软线、较粗的铜线或用铜皮剪成的焊片制成,将其焊在线圈端头,用绝缘材料包扎好后,从骨架端面预先打好的孔中伸出,以备连接外电路。

对绕组线径在 0.35mm 以上的都可用本线直接引出方法,如图 1-11-6 所示。线径在 0.35mm 以下的,要用多股软线做引出线,也可用薄铜皮做成的焊片做引出线头。引出线的连接方法如图 1-11-7 所示。

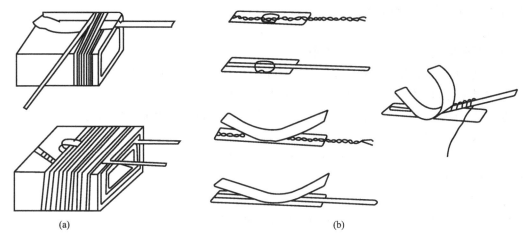

图 1-11-7 引出线的连接

4. 绕线的方法

对无框骨架的，导线起绕点不可紧靠骨架边缘；对有边框的，导线一定要紧靠边框板。绕线时，绕线机的转速应与掌握导线的那只手左右摆动的速度相配合，并将导线稍微拉向绕组前进的相反方向约 5° 左右，以便将导线排紧。

5. 层间绝缘的安放

每绕完一层导线，应安放一层绝缘材料（绝缘纸或黄蜡绸等）。注意安放绝缘纸必须从骨架所对应的铁芯舌宽面开始安放。若绕组所绕层次很多，还应在两个舌宽面分别均匀安放，这样可以控制线包厚度，少占铁芯窗口位置。绝缘纸必须放平、放正和拉紧，两边正好与骨架端面内侧对齐，围绕线包一周，允许起始处有少量重叠。

6. 静电屏蔽层（静电隔离层）的安放

在绕完一次侧线圈、安放好绝缘层后，还要加一层金属材料的静电屏蔽层，以减弱外来电磁场对电路的干扰。

静电屏蔽层的材料最好用紫铜箔，其宽度比骨架宽度小 1～3mm。长度应是围绕骨架一周但短 10mm 左右，在对应铁芯的舌宽面焊上引出线作接地极。注意，绝不能让屏蔽层首尾相接，否则将形成短路，变压器通电后发热，以致烧毁绝缘。

若没有现成的铜箔，也可用较粗的导线在应安放静电屏蔽层的位置排绕一层，一端开路，一端接地，同样能起屏蔽外界电磁场的作用。

7. 绕组的中间抽头

① 在线圈抽头处刮去一小段绝缘漆，焊上引出线并包上绝缘即可；

② 也可在线圈抽头处不刮绝缘漆，而是将导线拖长，两股绞在一起作为引出线，并套上绝缘套管即可；

③ 对于较粗的漆包线，若将漆包线绞在一起，势必使线包中间隆起，影响绕线和线包的平整。可将导线平行对折成两股作为引出线。

8. 绕组的中心抽头

线圈的中心抽头，是将一个线圈绕组分成两个完全对称的绕组。若用单股线绕制，绕在内层的线圈漆包线的长度比绕在外层漆包线的长度要短，会引起两部分线圈直流电阻不等。采用双股并绕，绕制方法与单股线绕制相同，绕完后将两并绕中的一个线圈的头和另一线圈的尾并接,再引出作中心抽头。

9. 绕组的初步检查

绕组制作完成后,要进行初步检查。

① 用量具测量绕组各部分尺寸,与设计是否相符,以保证铁芯的装配;

② 用电桥测量绕组的直流电阻,以保证负载用电的需要;

③ 用眼睛观察绕组的各部分引线及绝缘完好与否,以保证可靠的使用。

(三) 绝缘处理

变压器绕组绕制完成后,为了提高绕组的绝缘强度、耐潮性、耐热性及导热能力,必须对绕组进行浸漆处理。

1. 绝缘处理用漆

绕组绝缘处理所用的漆,一般采用三聚氰胺醇酸树脂漆。

2. 绝缘处理所用工艺

变压器绝缘处理工艺与电机的基本相同。所不同的是变压器绕组可采用简易绝缘处理方法,即"涂刷法":在绕制过程中,每绕完一层导线,就涂刷一层绝缘漆,然后垫上层间绝缘继续绕线,绕完后通电烘干即可。

3. 绝缘处理的步骤

变压器绝缘处理的步骤也与电机的步骤一样,为预烘→浸漆→烘干。对小型变压器绕组通电烘干可采用一种简易办法:用一台500V·A的自耦变压器作电源,将该绕组与自耦变压器二次侧相接,并将一次侧绕组短接,逐步升高自耦变压器二次侧电压,用钳形电流表监视电流值,使电流达到待烘干变压器高压绕组额定电流的2~3倍,半小时后绕组将发热烫手,持续通电约10h,即可烘干层间涂刷的绝缘漆。

(四) 铁芯的装配

1. 铁芯装配的要求

① 要装得紧。不仅可防止铁芯从骨架中脱出,还能保证有足够的有效截面和避免绕组通电后因铁芯松动而产生杂音;

② 装配铁芯时不得划破或胀破骨架,误伤导线,造成绕组的断路或短路;

③ 铁芯磁路中不应有气隙,各片开口处要衔接紧密。以减小铁芯磁阻;

④ 要注意装配平整、美观。

注意,装配铁芯前,应先进行硅钢片的检查和选择。

2. 硅钢片的检查及挑选

① 检查硅钢片是否平整,冲压时是否留下毛刺。不平整将影响装配质量,毛刺容易损坏片间绝缘,导致铁芯涡流增大;

② 检查表面是否锈蚀。锈蚀后的斑块会增加硅钢片的厚度,减小铁芯有效截面。同时又容易吸潮,从而降低变压器绝缘性能;

③ 检查硅钢片表面绝缘是否良好。如有剥落,应重新涂刷绝缘漆;

④ 检查硅钢片的含硅量是否满足要求。铁芯的导磁性能主要取决于硅钢片的含硅量,含硅量高的其导磁性能好,反之,导磁性能差,会造成变压器的铁耗增大。但含硅量也不能太高,因为含硅量过高的硅钢片容易碎裂,机械性能差。因此,一般要求硅钢片的含硅量在3%~4%。

检查硅钢片的含硅量,可用简单的折弯方法进行检查,用钳子夹住硅钢片的一角将其弯成直角时即能折断,表明含硅量在4%以上;弯成直角又恢复到原位才折断的,表明含硅量接近4%;如反复弯三、四次才能折断的,含硅量约3%;当含硅量在2%以下时,硅钢片就很软了,难于折断。

3. 铁芯的插片

小型变压器的铁芯装配通常用交叉插片法,如图1-11-8所示。

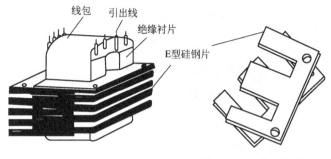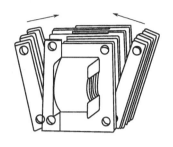

图1-11-8 交叉插片法

先在线圈骨架左侧插入E型硅钢片,根据情况可插1～4片,接着在骨架右侧也插入相应的片数,这样左右两侧交替对插,直到插满。最后将I型硅钢片(横条)按铁芯剩余空隙厚度叠好插进去即可。插片的关键是插紧,最后几片不容易插进,这时可将已插进的硅钢片中容易分开的两片间撬开一条缝隙,嵌入一至二片硅钢片,用木锤慢慢敲进去。同时在另一侧与此相对应的缝隙中加入片数相同的横条。嵌完铁芯后在铁芯螺孔中穿入螺栓固定即可。也可将铁皮剪成一定的形状,包套在铁芯外边,用于固定。如图1-11-9所示。

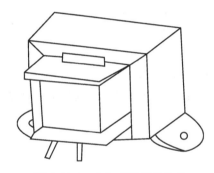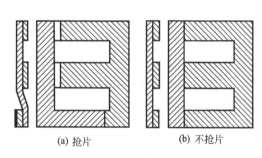

图1-11-9 夹包变压器的铁芯 图1-11-10 抢片和不抢片

4. 抢片与错位现象

(1) 抢片现象

"抢片"是在双面插片时一层的硅钢片插入另一层中间,如图1-11-10所示。如出现抢片未及时发现,继续敲打,势必将硅钢片敲坏。因此一旦发生抢片,应立即停止敲打。将抢片的硅钢片取出,整理平直后重新插片。不然这一侧硅钢片敲不进去,另一侧的横条也插不进来。

(2) 错位现象

硅钢片错位如图1-11-11所示。产生原因是在安放铁芯时,硅钢片的舌片没和线圈骨架空腔对准。这时舌片抵在骨架上,敲打时往往给制作者一个铁芯已插紧的错觉,这时如果强行将这块硅钢片敲进去,必然会损坏骨架和割断导线。

(五) 调整测试

由于小型单相变压器比较简单,制成之后一般只进行外表调整整理和空载测试。

1. 调整

在不通电的情况下,观察外表,看铁芯是否紧密、整齐,有无松动等,绕组和绝缘层有

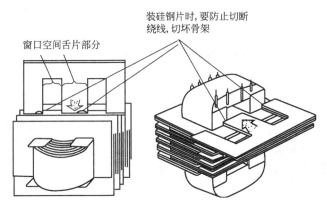

图 1-11-11 硅钢片错位

无异常。并及时进行调整处理。

空载通电后,有无异常噪声,对铁芯不紧、铁片不够所造成的噪声要进行夹紧整理。

2. 测试

(1) 测量绝缘电阻

用兆欧表测量各绕组对地,各绕组间的绝缘电阻应不低于 50MΩ。

(2) 测量额定电压

在一次侧加额定电压,测量二次侧各个绕组的开路电压,该开路电压就是二次侧的额定电压,再与设计值相比,是否在允许范围内。二次侧高压绕组允许误差 $\Delta U \leqslant \pm 5\%$,二次侧低压绕组允许误差 $\Delta U \leqslant \pm 5\%$;中心抽头电压允许误差 $\Delta U \leqslant \pm 2\%$。

(3) 测空载损耗功率 P_0

测试电路如图 1-11-12 所示。在被测变压器未接入电路之前,合上开关 S_1,调节调压器 T 使它的输入电压为额定电压(由电压表 PV_1 示出),此时在功率表上的读数为电压表、电流表的线圈所损耗的功率 P_1。

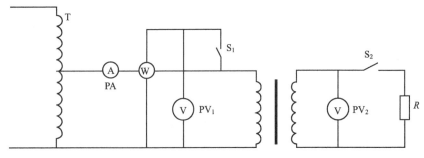

图 1-11-12 变压器测试电路

将被测变压器接在图示位置,重新调节调压器 T,直至 PV_1 读数为额定输入电压,这时功率表上的读数为 P_2,则

$$空载损耗功率 P_0 = P_2 - P_1$$

(4) 测空载电流

将图 1-11-12 中的待测变压器接入电路,断开 S_2,接通电源使其空载运行,当 PV_1 示数为额定电压时,交流电流表 PA 的读数即为空载电流。一般变压器的空载电流为满载电流的 10%~15%。若空载电流偏大,变压器损耗也将增大,温升增高。

(5) 测实际输出电压

按照图 1-11-12 所示，将待测变压器接入，合上 S_2，使其带上额定负载电阻 R，当 PV_1 示数为额定电压时，PV_2 的读数即为该变压器的实际输出电压。将所测的实际输出电压值与前面所测的额定电压值比较，对于电子电器用的小型电源变压器，二者的误差要求是：高电压±3%。灯丝电压和其他线圈电压±5%。有中心抽头的线圈，不对称度应小于2%。

(6) 检测温升

按图 1-11-12 加上额定负载，通电数小时后，温升不得超过 40~50℃。变压器温升可用下述方法测试：先用万用表（或电桥）测出一次侧绕组的冷态直流电阻 R_1（因一次侧绕组常绕在变压器线包内层，不易散热，温升高，以它为测试对象比较适宜）。然后加上额定负载，接通电源，通电数小时后，切断电源，再测一次侧热态直流电阻 R_2，这样连续测几次，在几次热态直流电阻值近似相等时，可认为所测温度是终端温度，用下列经验公式可求出温升 ΔT：

$$\Delta T = \frac{R_2 - R_1}{3.9 \times 10^{-3} R_1}$$

二、小型单相变压器的重绕修理

小型单相变压器如发生绕组烧毁、绝缘老化、引出线断裂、匝间短路或绕组对铁芯短路等故障均需进行重绕修理。其重绕修理工艺与设计制作工艺大致相同，不同点主要有原始数据记录和铁芯拆卸。

(一) 记录原始数据

在拆卸铁芯前及拆卸过程中，必须记录下列原始数据，作为制作木芯及骨架、选用线规、绕制绕组和铁芯装配等的依据。

1. 记录铭牌数据

主要包括：①型号；②容量；③相数；④一、二次侧电压；⑤联接组；⑥绝缘等级。

2. 记录绕组数据

主要包括：①导线型号、规格；②绕组匝数；③绕组尺寸；④绕组引出线规格及长度；⑤绕组重量。

测量绕组数据的内容为：测量绕组尺寸；测量绕组层数、每层匝数及总匝数；测量导线直径，烧去漆层，用棉纱擦净，对同一根导线应在不同的位置测量三次取平均值。

在重绕修理中，仍然要进行重绕匝数核算，是为了防止由于线径较小、匝数较多的绕组，在数匝数时弄错，使修理后的变压器的变比达不到原要求。

3. 重绕匝数的核算

① 测取原铁芯截面。先实测原铁芯叠厚及铁柱宽度，再考虑硅钢片绝缘层和片间间隙的叠压系数，对小型变压器一般取 0.9；

② 获取原铁芯的磁通密度 B_m；

③ 重绕匝数的核算。

后两项完全与变压器设计制作时的参数计算相同，查阅前面即可。

4. 记录铁芯数据

① 铁芯尺寸；

② 硅钢片厚度及片数；

③ 铁芯叠压顺序和方法。

(二) 铁芯拆卸

拆卸铁芯前,应先拆除外壳、接线柱和铁芯夹板等附件。

不同的铁芯形状有不同的拆卸方法,但第一步是相同的,即:用螺丝刀把浸漆后粘合在一起的硅钢片插松。

1. E字型硅钢片的拆卸

① 用螺丝刀先插松并拆卸两端横条。

② 再用螺丝刀顶住中柱硅钢片的舌端,然后用小锤轻轻敲击,使舌片后退,待退出3～4mm后,即可用钢丝钳钳住中柱部位抽出E字型片。当抽出5～6片后,即可用钢丝钳或手逐片抽出。

2. C字型硅钢片的拆卸

① 拆除夹紧箍后,把一端横头夹住在台钳上,用小锤左右轻敲另一横头,使整个铁芯松动,注意保持骨架和铁芯接口平面的完好。

② 注意抽出硅钢片。

3. Ⅱ字型硅钢片的拆卸

① 把一端横头夹紧在台钳上,用小锤左右轻敲另一横头,使整个铁芯松动。

② 用钢丝钳钳住另一端横头,并向外抽拉硅钢片,即可拆除。

4. 日字型硅钢片的拆卸

① 先插松第一、二片硅钢片,把铁轭开口一端掀起至绕组骨架上边;

② 用螺丝刀插松中柱硅钢片,并顶舌端后退几毫米,再用钢丝钳抽出。当抽出十余片后,即可用钢丝钳或手逐片抽出。

三、实训要求

① 熟悉小型变压器的设计与计算。

② 掌握小型变压器的制作工艺。

③ 制作小型电源变压器一台,并对该变压器进行检测。

四、实训记录

① 按图1-11-13所示设计电源变压器:计算出铁芯规格和线圈数据,将铁芯规格和线圈匝数、线径记入表1-11-5中。

② 制作木芯和线圈骨架,将尺寸记入表1-11-5中。

③ 绕制初级线圈,将各组线圈层数记入表1-11-5中。

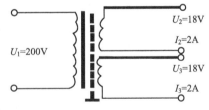

图1-11-13 稳压电源变压器

表1-11-5 变压器绕线训练记录

铁 芯			木芯尺寸			线圈骨架				
型号	舌宽	叠厚	长叠厚	宽舌宽	高窗口高	材 料		尺 寸		
						材质	厚度	长	宽	高
线 圈 数 据										
一次侧			二次侧Ⅰ			二次侧Ⅱ			二次侧Ⅲ	
线径	层数	匝数	线径	层数	匝数	线径	层数	匝数	线径	层数	匝数

④ 对绕制完工的变压器进行初步检测,将检测结果记入表1-11-6中。

表 1-11-6 变压器测试训练记录

直流电阻				绝缘电阻			电压值				空载电流			
一次	二次Ⅰ	二次Ⅱ	二次Ⅲ	一次与二次间	一次与地间	二次Ⅰ二次Ⅱ间	二次	二次Ⅰ	二次Ⅱ	二次Ⅲ	二次	二次Ⅰ	二次Ⅱ	二次Ⅲ

额定负载电流				空载损耗功率	温升			
一次	二次Ⅰ	二次Ⅱ	二次Ⅲ	$P_0 = P_2 - P_1$	通电时间	起始温度	终止温度	$\Delta T = \dfrac{R_2 - R_1}{3.9 \times 10^{-3} R_1}$

⑤ 对初步检测合格的变压器进行浸漆和烘烤,将各个工序所用时间和温度记入表1-11-7中。

表 1-11-7 变压器浸漆和烘烤训练记录

预烘		浸绝缘漆		第一阶段烘烤		第二阶段烘烤		复查绝缘电阻		
温度	时间	型号	时间	温度	时间	温度	时间	一次与二次间	一次与地间	二次与地间

五、实训考核

见表1-11-8。

表 1-11-8 实训项目量化考核表

项目内容	考核要求	配分	扣 分 标 准	得分
小型变压器的计算	准确掌握计算的六个步骤	20分	计算6个步骤,每答错1个扣8分;口头提问,原理不清扣5分	
绕组的绕制	绕组线圈绕制紧凑、整齐,无交叉、无崩线,绝缘无损伤、并处理得当	40分	绕组绕制不紧扣5分;有崩线现象扣5分;绕组排列不整齐,有交叉现象扣5分;绝缘有损伤或处理不好扣5分	
铁芯的装配	硅钢片装配平整、无毛刺,硅钢片表面绝缘无损,在装配时无"抢片"、"错位"现象,不少装硅钢片	20分	硅钢片不平整,有毛刺扣5分;硅钢片表面绝缘有损扣5分;硅钢片有"抢片"现象扣10分;硅钢片有"错位"扣10分;硅钢片有插片不紧扣5分	
调整检测	对小型变压器调整的合适;所测试的项目满足要求	20分	外观质量不合格扣15分;绝缘电阻偏小扣10分;无电压输出扣10分;空载电压偏高扣5分;空载电流偏大扣5分;运行中发热严重或有响声扣10分	
安全文明操作	每违反一次扣10分			
指导教师(签字)				

实训十二 异步电机的故障诊断

一、电机故障诊断要点

电机故障诊断主要是通过测取电机在运行过程中的状态信息,对电机工作状况的正常与否及异常程度等作出判断,从而在事故发生之前查明故障产生的原因、部位及其发展趋势,以便采取相应措施和决策,预防和避免事故的发生。

(一) 熟悉被测电机的工作原理和结构上的特点

诊断电机故障受电机工作原理和结构的限制。根据电机工作原理,其内部存在着几个相互关联的工作系统,有两套电路,通过磁场相互耦合,在定、转子间气隙内实现能量交换,构成电磁耦合系统,实现机电能量转换。电机结构上用机座把定子铁芯和绕组定位在一个固定空间位置,而转动部分通常与转轴一起由轴承支承在端盖上或底板上,形成电机基本的机械系统。电机在能量交换过程中,产生的电损耗、机械损耗和介质损耗以热能形式通过电机轴上的风扇、强制鼓风或密封构成的冷却系统来散逸。

(二) 了解常见的几个外部因素对异步电机特性的影响

1. 电压、频率的变化对异步电机的影响

当电源频率减少或电压上升时,电机的空载损耗变化很大,转矩也随电压平方而变。另外,频率的改变,还会引起电阻与电抗值的改变。若电源电压、频率同时改变时,各自对异步电机特性所造成的影响见表1-12-1。

表1-12-1 电压、频率变化对电机特性的影响

电机的特性	电压变化的影响	频率变化的影响
同步速度	无	成正比
空载电流	与2~3次方成比例	与2~3次方成反比例
定子电流(额定电流)	随电压减少而增加	大致成反比
起动电流	成正比	大致成反比
最大功率	与平方成正比	大致成反比
最大转矩	与平方成正比	大致与平方成反比
起动转矩	与平方成正比	近似于平方成反比
效率	随电压减少而降低	成比例
功率因数	随电压增加而下降	成比例
转差率	与平方成正比	成正比
温升	电压稍微上升时变化不太大,但当电压大幅度上升获降低时温升增加	功率一定时,频率增加则温升下降
注	频率恒定	电压恒定

对电机运行性能实际上无影响的变化范围为:电压单独变化时为±10%;频率单独变化时为±5%;电压与频率同时改变时为两者之和的10%。

2. 不平衡电压运行的变化对异步电机的影响

接入三相异步电机的三相不平衡电压,通过数学傅立叶级数的理论分析,将其量可分解为零序、正序和逆序对称分量。零序分量随着电动机外壳接地而不存在,这时只有正序分量和逆序分量电压。

正序逆序电压分别形成正序逆序电流,正序电流形成的旋转磁场与电机的旋转方向相同而产生正向转矩,逆序电流形成的旋转磁场与电机的旋转方向相反而产生逆向转矩。在不平衡电压作用下运行的电机,其表现在外部的转矩是正向转矩与逆向转矩之差,因此不平衡电压运行对异步电机的影响,其实就是正逆序分量抵抗的结果。

(1) 正逆序分量比值的作用

若将正、逆序电压分量建立比值,对应的正、逆序阻抗之比却很小,那正逆序电流分量之比反而很大。若相对正序电压,当逆序电压占1%的话,那逆序电流相对正序电流就能扩大到5.2%。可见电流不平衡率是电压不平衡率的数倍。特别是转差率越小,这种倾向就越大。当接近空载时,不平衡电流甚至可达到10倍。当各相电流的相位不同时,其间的关系

将更为复杂。

(2) 逆序分量对异步电机的影响

因电压不平衡而出现逆序分量,电机中的铜损耗随之增加;铁损耗也随之增大,整个转子损耗增大。

(3) 电压不平衡所引起的后果

因电压不平衡对电机所引起的后果有电流不平衡、温升增加、效率下降、输入增大、振动和噪声增加。

(4) 造成电压不平衡的主要原因

原因主要是三相不平衡负载、大容量单相负载等。

(5) 限制电压不平衡的技术要求

电源电压与额定电压的偏差不得超过±5%,三相电压不平衡度不得超过1.5%。

3. 频繁启动对异步电机的影响

(1) 转子动能与转动惯量受频繁启动的影响

电机启动时,转子中的总损耗与转动惯量大小有关。启动后转子的动能与转动惯量成比例,启动频率低时,启动损耗可在运行中或停车时散掉,但启动频率高时,热能就被积累起来,影响电机的正常运行。

(2) 启动电流受频繁起动的影响

由于电机的启动电流不是呈直线衰减,而是如图1-12-1所示。因此,当电机启动时间长且频繁启动时,不仅转子、就连定子绕组也过热。

(3) 电机的冷却方式受频繁启动的影响

当电机启动频繁时,就无法期望靠正常运行时那样的通风冷却了,而停止时,又难以得到足够的自然冷却时间,造成冷却效果差或不充分,减少了电机的输出功率。

对用在高频繁启动的电机,注意了解额定(输出)功率、负载持续率、每小时启动次数和负载惯性率等各项。

对启动频率高、转动惯量大的设备,若要求速启速停时,地脚螺钉及轴的机械强度也会出现问题,在使用前要检查,以便不致因疲劳而损坏。

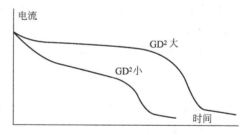

图1-12-1 启动电流曲线

4. 周围环境(高温、高湿、散热不良等)对异步电机的影响

(1) 高温对异步电机的影响

各种绝缘材料,视其绝缘等级的不同,都规定了最高允许温度。使用时,只要大体上不超过最高允许温度,就会获得满意的寿命。若最高温升为θ_F,周围环境温度为θ_0,绝缘材料的温度为θ,则三者的关系为$\theta=\theta_F+\theta_0$。因为θ的极限由绝缘材料决定,所以环境温度θ_0变化时,温升θ_F受到限制。通常,以40℃作为标准环境温度。当周围环境温度高于这个数值时,输出功率就得降低;而低于这个数值时,输出功率可以提高。

除绝缘材料外,润滑脂也有影响。必须选择适合于使用温度、而又具有耐热的润滑脂,若耐热性能不好,会缩短润滑脂的使用期限或因漏油而造成故障。

(2) 低温对异步电机的影响

在低温场合使用的电机,由于其中的橡胶制品材料在低温会发生裂纹,轴承润滑性能下降、并产生噪声,引线硬化。

(3) 高湿度对异步电机的影响

在高湿度的情况下,电机的绝缘电阻下降,绝缘材料的固有体电阻减小。附着盐分、尘土的绝缘物,由于这些物质引起电解作用,导致绝缘电阻下降更明显。高湿度环境,还可能在电动机上结露。绝缘电阻下降,容易造成漏电等安全问题。

(4) 散热不良对异步电机的影响

电机表面附有尘土,或因灰尘造成通风道有效截面积减少,以及电机安装在不通风的地点、能受到辐射热的地方,或受使用条件限制需要密闭起来。在上述各种情况下,可导致散热不良。电机温升增加和由于电机周围温度上升,促使电机本身温度进一步上升。造成电机过热、烧损、润滑脂外流或电机内附温度继电器动作等问题。

5. 爆炸性气体、腐蚀性气体对异步电机的影响

(1) 有爆炸性气体的环境中

必须采用符合防爆等级、起火度以及危险环境要求的结构形式。如加强防爆型、耐压防爆型、内压防爆型、充油防爆型、特殊防爆型等。

(2) 有腐蚀性气体的环境中

由于酸、碱及其他有害气体的存在,将造成电机结构材料受腐蚀,绝缘材料的绝缘性能变坏,油、润滑脂变质,以及电接触部分腐蚀、生锈等。

6. 定、转子间的气隙不均匀对异步电机的影响

(1) 气隙不均匀的现象及形成

定子和转子间有磁吸力。如果各处气隙大小相等、磁导率相同,则各处吸力对轴呈现对称分布。即吸力对轴而言,处于平衡状态。这样对外不显现有吸力作用。若气隙不均匀,便产生不平衡吸力。转子被不平衡吸力拉向某一边。尽管电机在设计和制造上力求对称、同心,但仍难避免不同程度的误差,从而存在一定的不平衡磁吸力。另外带负载时,传动皮带的拉力,以及转动部件不对中,弯曲,导致了气隙的不均匀。

(2) 气隙不均匀造成的后果

气隙不均匀时,因气隙磁密度和气隙大小成反比,气隙小磁密度大,于是气隙较小处的磁吸力大于对面气隙较大的磁吸力,两力之差值就是不平衡磁吸力。这一磁吸力也有固有频率,而且是电源频率的二倍,在这个磁吸力作用下,会产生较大的机械振动。有时还会遇到某个特定频率噪声增大的情况。

(3) 气隙不均匀限制的容许范围

在制造、运行和维护中,气隙最大值与最小值之差应小于其平均值的20%。

二、电机故障诊断方法

(一) 常用的电机故障诊断方法

1. 电流分析法

通过对负载电流幅值、波形的检测和频谱分析,诊断电机故障的原因和程度。例如通过检测交流电机的电流,进行频谱分析来诊断电机是否存在转子绕组断条、气隙偏心、定子绕组故障、转子不平衡等缺陷。

2. 振动诊断法

通过对电机的振动检测,对信号进行各种处理和分析,诊断电机产生故障的原因和部位,并制定处理办法。

3. 绝缘诊断法

利用各种电气试验和特殊诊断技术,对电机的绝缘结构、工作性能和是否存在缺陷做出

结论，并对绝缘剩余寿命作出预测。

4. 温度诊断法

用各种温度检测方法和红外测温技术，对电机各部分温度进行监测和故障诊断。

(二) 电机的诊断过程

电机故障诊断过程和其他设备的诊断过程是相同的，其诊断过程包括异常检查、故障状态和部位的诊断、故障类型和起因分析三个部分。

1. 异常检查

这是对电机进行简易诊断，是采用简单的设备和仪器，对电机状态迅速有效地作出概括性评价，实现对电机的监测和保护，对电机故障的早期征兆发现和趋势控制。如果异常检查后发现电机运行正常，则无需进行进一步的诊断；如发现异常，则应对电机进行精密诊断。

2. 故障状态和部位的诊断

这是在发现异常后接着进行的诊断内容，是属于精密诊断的内容。可用传感器采集电机运行时的各种状态信息，并用各种分析仪器对这些信息进行数据分析和信号处理，从这些状态信息中分离出与故障直接有关的信息来，以确定故障的状态和部位。

3. 分析故障类型和起因

这是利用诊断软件或专家系统进行诊断。

三、电机故障原因分析

(一) 定子铁芯的故障

1. 定子铁芯短路

定子铁芯短路大部分发生在齿顶部分。交流电动机定子铁芯中磁通是交变的，铁芯中的磁滞损耗、涡流损耗及表面磁通脉振损耗都将使铁芯发热。为了减少定子铁芯的铁损，通常都将定子冲片两边涂上绝缘层以形成隔离层，以减少铁损。因此，大容量的和重要的交流电机，在定子铁芯叠装后必须进行铁损试验，检查硅钢片的质量和铁芯是否存在局部过热的短路现象。由于异步电机气隙小，装配不当，轴承磨损，转轴弯曲及单边磁拉力等原因，都可能造成定、转子相擦，使定子铁芯局部区域齿顶上绝缘层被磨去，并因毛刺使片间相连，致使涡流损耗增大而局部过热，甚至危及定子绕组。由于局部高温造成绝缘物热分解，能闻到绝缘挥发物和分解物的气味。而电机此时往往出现空载电流加大，振动和噪声增大，有时能发现机座外壳局部部位温度高，发现以上情况应及时停机检修。

2. 定子铁芯松动

定子铁芯松动往往是由于制造时铁芯压装不紧，或定子铁芯紧固件松脱或失效时发生，使得电磁噪声增加，特别在起动过程更为显著。铁芯松动若长期存在将导致绕组绝缘因振动而缩短寿命。

(二) 绝缘故障

1. 绝缘故障现象

电机各部分绝缘都是由不同绝缘材料经过各种处理组合而成的，形成了电机的绝缘系统。无论从机械强度、耐热性、还是对环境的抵抗能力以及耐久性方面，绝缘系统都是电机结构中较薄弱的环节，其发生故障的几率也较高，老化、磨损、过热、受潮、污染和电晕都会造成绝缘故障。

(1) 老化

电机的绝缘结构，运行中由于长期的高温、机械应力、电磁场、日照、臭氧等因素的作用，发生了种种化学和物理变化，使其机械强度降低，电气性能劣化，失去弹性，出现裂纹，漏电流增加，介质耗损增加，击穿电压降低等，这些都是老化现象。

(2) 磨损

绝缘结构由于电磁力的作用和机械振动等原因,绕组间、绕组与铁芯、固定结构件之间会发生位移和不断摩擦,而使绝缘局部变薄、损坏。

(3) 过热

绝缘结构及绝缘材料由于内部挥发成分的逸出,氧化裂解、热裂解等化学物理反应,生成氧化物,使绝缘层变硬、发脆、出现裂纹、针孔,而导致机械和电气性能的降低。

(4) 受潮

绝缘材料及绝缘结构中有许多强极性物质,分子中含有 OH 基的有机纤维材料,以及组织疏松,多孔状材料。另一方面因水分子尺寸和黏度很小,能透入各种绝缘材料的裂纹和毛细孔,溶解于绝缘油和绝缘漆中。水分子的存在使绝缘结构的漏电流大大增加,透气性能大大降低。

(5) 污染

绝缘结构的表面和内部存在不少裂纹、针孔和微泡,当导电性尘埃或液体黏结在绝缘层的表面或渗入裂纹和针孔时,构成了很多漏电通道,使漏电流大大增加,降低了绝缘可靠性。

(6) 电晕

在定子电压较高和较高海拔环境下易发生电晕现象。高压电机定子绕组在通风槽口和端部出槽口处,绝缘表面电场分布是不均的,当局部场强达到临界值时,空气发生局部电离(辉光放电现象),在黑暗时就能看到蓝色荧光,这就是电晕现象。电晕产生的热效应、臭氧和氮的氧化物都会对绝缘产生腐蚀现象,使局部绝缘层很快销蚀,耐压强度降低。

2. 电机绕组的故障

(1) 绕组绝缘磨损

绕组绝缘磨损是由于绝缘收缩和电动力的作用造成的。长期高温作用,绝缘层内溶剂挥发等原因,使槽楔、绝缘衬垫、垫块因收缩而尺寸变小,绑扎绳变得松弛,线圈和槽壁、线圈与垫块、线圈与固定端箍之间都产生了间隙,在启动、冲击负载引起的电动力的作用下,将发生相对位移,时间久了就会产生磨损,使绝缘变薄。其伴随征兆是槽楔窜位,绑扎垫块脱落,端部绑扎松弛,端部振动增大,检查时可发现绝缘电阻降低,漏电流增加,耐压水平明显降低。

(2) 绝缘破损

通常是线圈受到了碰撞,或转子部件脱落碰刮导致绝缘局部损伤,运行时往往表现为对地击穿。

(3) 匝间短路

在修理过程中,线圈的压型和换位工序操作不当时,易造成匝间短路。匝间短路使绕组三相阻抗不相等和三相电流不对称,电流表指针将出现摆动,使电机振动加大。在短路匝线圈温升较高时,往往会使线圈表面变色,或线圈局部过热,绝缘在高温下分解,甚至产生局部放电现象。

(4) 绝缘电阻值降低

由于绕组吸潮或线圈表面粘有导电性物质,造成绝缘电阻值降低到极限程度,即使用热吹风和清洗的方法也很难修复,需要拆卸电机,用专用清洗剂清洗、干燥、浸漆才能恢复。另外,绝缘强度除考虑耐压强度,还要考虑爬电距离,当爬电距离过短或绝缘层表面粘结污垢后,其绝缘电阻值也会低于允许标准。

(三) 转子故障

1. 转子绕组故障

笼式异步电机在启动时,绕组内短时间通过大电流,不仅承受很大冲击力,而且很快升温，产生热应力，端环还需承受较大离心应力。反复的启动、运行、停转，使笼条和端环受到循环热应力和变形，由于各部分位移量不同，受力不均匀，会使笼条和端环因应力分布不均匀而断裂。另外，从电磁力矩来看，启动时的加速力矩，工作时的驱动力矩是由笼条产生的，减速时笼条又承受制动力矩，由于负载变化和电压波动时，笼条就要受到交变负荷的作用，容易产生疲劳。当笼型绕组铸造质量、导条与端环的材质和焊接质量存在问题时，笼条和端环的断裂、开焊更易发生。笼条、端环断裂的症状是电机启动时间延长，滑差加大，力矩减少，同时也将出现电机振动和噪声增加，电流表指针出现摆动等现象。

绕线型异步电机通过滑环串入电阻器进行启动和调速，与笼型异步机相比绝缘层易受机械损伤。而绕线型转子绕组在电机启动时，开路电压较高，当滑环与电刷接触不好时，受过机械损伤绕组和连接线容易击穿。当重载启动或负荷较大时，过大的启动电流和负载电流不仅使绕组温升升高，而且也会使并头套发生开焊、淌锡或发生放电现象；另外，转子绕组和并头套之间的间隙中，易积存碳粉等导电性粉尘，易产生片间短路现象；绕线型异步电机在外接三相调速电阻不等时，转子三相绕组也会出现三相电流不平衡现象，往往出现某相绕组过热现象。

2. 转子机械的故障

转子是电机输出机械功率的部件，工作时往往承受各种复杂的力，如离心力、电磁力、热应力、惯性力，容易出现各种各样的故障。转子上零件的脱落和松动造成转子失衡，转子偏心产生不对称磁拉力，转轴弯曲，轴颈椭圆等等原因，都将导致电机振动增加。冲击性载荷在电机和负载机械构成的弹性惯量系统中会激发起扭转振荡，使转子结构部件和转轴因高交变力矩而疲劳。

四、实训要求

① 了解常见的外部因素对异步电机特性方面的影响。
② 注意常见的电机故障诊断方法的各自诊断侧重点。
③ 注意对电机故障原因分析的归纳总结。

五、实训考核

见表 1-12-2。

表 1-12-2 实训项目量化考核表

项目内容	考核要求	配分	扣分标准	得分
电机的工作原理和结构上的特点	口述笼式、绕线式异步电机的工作原理，结构特点	30分	工作原理中的电磁耦合系统表述不清，扣10分；机电能量传递关系不清楚，扣10分；结构特点的表述程度在10分范围内酌情扣减	
常用的电机故障诊断方法及诊断过程	阐述常用电机的故障诊断方法中的被测量及诊断过程	20分	故障诊断方法中的被测量少答一项扣5分；说不清楚你使用的诊断过程属哪种的扣10分	
电机故障原因分析	电机定子铁芯及绕组、绝缘、转子故障发生的原因，通过故障现象分析原因，提出可能故障点	50分	讲述电机定子铁芯及绕组可能发生的故障点，发生故障的原因，扣减控制在20分之内；电机绝缘可能发生的故障点，发生故障的原因，扣减控制在10分之内；电机转子可能发生的故障点，发生故障的原因，扣减控制在20分之内	
安全文明操作	每违反一次扣10分			
过程	每位考生考核限定时间控制在5min，每超过1min扣1分		指导教师(签字)	

实训十三 电机振动的测量与诊断

振动是所有设备在运行过程中普遍存在的现象,电机和其他设备一样,在运转过程中都会发生不同程度的振动,对于各种类型和规格的电机,在稳定运行时,振动都有一种典型特性和允许限值。当电机内部出现故障、零部件产生缺陷、装配和安装情况发生变化时,其振动的振幅值、振动类型及频谱成分均会发生变化,不同的缺陷和故障所引起的振动方式也不同。因此振动能客观地反映电机的运行状态,对电机的振动进行监测和诊断,是掌握其运行状态和发现故障的重要技术手段。

一、电机振动异常的原因

引起电机振动的原因很多,产生振动的部位和振动的特征又各不相同。电机常见的异常振动有下面几种原因。

(一) 定子异常产生的电磁振动

1. 电机电磁振动的原理

一台 2 极($2P=2$)异步电机的定子、转子、气隙和磁通路径如图 1-13-1(a) 所示,图 1-13-1(b) 是 2 极电机因定子电磁力作用定子内腔出现椭圆形变形情况。由于定子三相绕组产生的旋转磁场,在定、转子气隙中以同步转速 n_0 旋转。若电网频率为 f_1,则同步转速 $n_0=60f_1/P$。因此,作用在机座上的磁拉力不是静止的,而是一个旋转力,随转子旋转而转动,机座上受力部位是随磁场的旋转而在不断改变位置。旋转磁场的磁极产生的电磁拉力每转一圈,电磁力却交变 P 次。由于电磁振动在空间位置上与旋转磁场同步,定子电磁振动频率即为旋转磁场频率(f_1/P)和电动力极数($2P$)之乘积,即 $f_1/P \times 2P = 2f_1$。由此,电机在正常工作时,机座上受到一个频率为电网频率 2 倍的旋转力矩的作用,可能产生振动,振动的大小与旋转力矩大小和机座刚度直接有关。

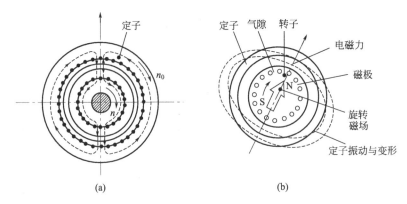

图 1-13-1 电机电磁振动原理

2. 定子电磁振动异常主要原因

由于电网三相电压的不平衡,或因接触不良造成单相运行和定子绕组三相不对称等原因,都会引起定子磁场的不对称,而产生异常振动。

定子铁芯和线圈松动,会使定子电磁振动和电磁噪声加大,在这种情况下,振动频谱图中,电磁振动除了 $2f_1$ 的基本成分之外,还可以出现 $4f_1$、$6f_1$、$8f_1$ 的谐波成分。

电机座底脚螺钉松动，其结果相当于机座刚度降低，使电机在接近 $2f_1$ 的频率范围发生共振，增大定子振动，结果产生异常振动。如图 1-13-2 所示。

3. 定子电磁振动的特征

① 振动频率为电源频率的 2 倍；
② 切断电源，电磁振动立即消失；
③ 振动可以在定子机座和轴承上测得；
④ 振动与机座刚度和电机的负载有关。

（二）**气隙偏心引起的电磁振动**

气隙偏心（或称气隙不均匀）分静态和动态两种偏心情况。都会引起电磁振动，但振动的特征并不完全相同。

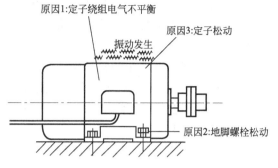

图 1-13-2　定子电磁振动的原因

1. 气隙静态偏心引起电磁振动

电机定子中心与转子轴心不重合时，定、转子之间气隙将出现偏心现象，这种气隙偏心往往固定在某一位置，不随转子旋转而改变位置。造成这种偏心是因加工不精确或装配不当所致，在一般情况下，气隙偏心允许误差不超过气隙平均值的 $\pm 10\%$。若偏心值过大将在电机气隙中产生很大的单边磁拉力，甚至导致定、转子相擦。

静态气隙偏心产生的电磁振动特征是：

① 电磁振动频率是电源频率 f_1 的 2 倍；
② 振动随偏心值的增大而增加，与电机负荷关系也如此；
③ 气隙偏心产生的电磁振动与定子异常产生的电磁振动不易区别。

2. 气隙动态偏心电磁振动

电机气隙的动态偏心是由转轴挠曲或转子铁芯不圆造成的，偏心的位置对定子是不固定的，对转子是固定的。偏心位置随转子的旋转而同步的移动，在电机运行时，旋转磁场的同步转速为 f_1/P，转子速度为 $(1-s)f_1/P$，动态偏心和转子不平衡同时产生了不平衡的电磁力和机械力，机械力引起的机械振动又助长了不平衡电磁力。

气隙动态偏心产生电磁振动的特征是：

① 转子旋转频率和旋转磁场的同步转速频率都可能引起电磁振动；
② 电磁振动以 $1/2sf_1$ 周期在脉动，因此，当电机负载增大时，其脉动节拍加快；
③ 电机往往发生与脉动节拍相一致的电磁噪声。

（三）**转子导体异常引起的电磁振动**

笼型异步电机因笼条断裂，绕线型异步电机由于转子回路电气不平衡，都将产生不平衡电磁力 F，该力随转子一起转动，其性质和转子动态偏心的情况相同。其发生的机理如图 1-13-3 所示，转子绕组故障 A 处电流无法流过，产生了不平衡电磁力。旋转磁场在 A 点超越转子时，磁场强度发生变化，其转子电流发生 $1/2sf_1$ 的节拍脉振。

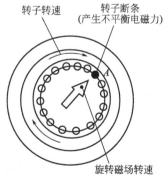

图 1-13-3　转子绕组不平衡引起电磁振动

当电机负载增加时，转子电流也增加，电磁振动也随之增加，而其脉动节拍也加快，并在定子电流中，也将逆感应出 $2sf_1$ 为节拍的脉动波形。

转子绕组异常引起的电磁振动的特征：

① 转子绕组异常引起电磁振动与转子动态偏心所产生的电磁振动的电磁力和振动波形相似，现象相似，较难判别；

② 电机负载增加时，这种振动随之增加，当负载超过50%以上时较为显著；

③ 若对电机定子电流波形或振动波形作频谱分析，在频谱图中，基频两边出现$\pm 2sf_1$的边频，根据边频与基频幅值之间的关系，可判断故障的程度。

（四）转子不平衡产生的机械振动

当电机转子质量分布不均匀会产生重心位移，不平衡重量在旋转时产生单边离心力，引起支承力变化，电机运行不稳定，产生机械振动。

1. 旋转体的不平衡

根据不平衡质量分布状态，旋转体的不平衡，可分静不平衡、力偶不平衡和动不平衡三种。

① 静不平衡是力不平衡，转子质量分布中心线和转子回转中心线是平行的，有一个固定的轴心距。如图1-13-4(a)。

② 力偶不平衡在静态时质量分布是平衡的，但其质量分布曲线和回转中心线是相交的，旋转时就会在转子两支承点上作用一对相位相反的力，实际上是一对不平衡力偶，其作用原理如图1-13-4(b)所示。

③ 动不平衡的不平衡重量是不对称分布的，其作用原理是前两种情况的合成，中心主轴线与旋转中心连线不相交或不重合的不平衡状态。如图1-13-4(c)所示。

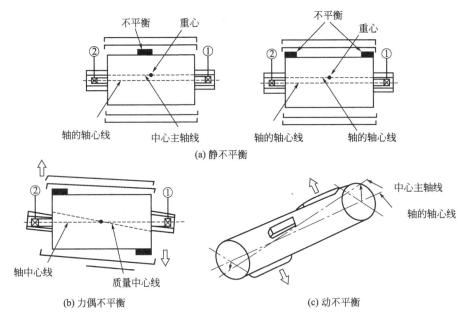

图1-13-4 旋转体不平衡质量分布状态

2. 电机转子不平衡原因及特征

① 电机转子不平衡主要原因有：转子零部件脱落和移位，缘收缩造成转子线圈移位、松动，联轴节不平衡，冷却风扇与转子表面不均匀积垢等。以上因素对高速电机尤为敏感，转子不平衡造成机械性振动。

② 电机转子不平衡的特征主要有：振动频率和转速频率相等；振动值随转速增高而加大，但与电机负载无关；振动值以径向为最大，轴向很小。

(五)滚动轴承异常产生的机械振动

由于电机滚动轴承的损坏,在运行中将会出现机械振动。对小型电机,滚动轴承故障是导致无法正常运行的常见原因。

1. 滚动轴承损坏引起的振动

滚动轴承因负载过重、润滑不良、安装不正确、轴电流、异物进入等原因,会出现磨损、表面剥落、点蚀、碎裂、锈蚀、胶合等故障。轴承的损伤,加工和装配的误差,以及滚动轴承自身结构都会产生一定频率的脉冲引起轴承的振动。

载荷过大引起轴承的内、外圈和滚动体变形,造成旋转轴中心随滚动体位置变化所引起的振动为传输振动。因安装不正确和滚动体大小不一致引起的轴承振动,其振动频率较低,通常小于1kHz。

2. 加工和装配不良引起振动

与轴承内孔配合的轴颈和轴肩台加工不良时,或由于轴颈弯曲等原因,使轴承内圈装配后其中心线与轴心线不重合,使得电机每旋转一周,轴承就受到一次交变的、轴向力的作用,使轴承产生振动,如图1-13-5。轴承的振动特征是:振动幅值以轴向为最大,振动频率和旋转频率相同。

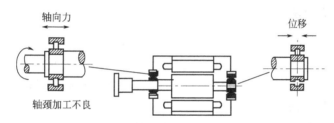

图 1-13-5 装配不良和润滑原因引起的滚动轴承振动

(六)安装、调整不良引起的机械振动

1. 安装时轴心线不对中引起振动

在安装电机时,其转轴应与负载机械的轴同心。若轴心线不重合,电机在运行时,就会受到来自联轴器的作用力,并产生振动。图1-13-6(a)中,是电机与负载机械轴心线虽然平行但不重合,存在一个偏心距时,随着电机的转动,其轴伸上就会受到一个来自联轴器的一个径向旋转力的作用,使电机发生振动,此力的大小与偏心距大小和转速高低有关。当电机与负载机械轴心线相交时,联轴器的结合面往往出现"张口"现象,电机转动时,就会受到联轴器的一个交变的轴向力的作用,如图1-13-6(b)所示,使电机发生振动。

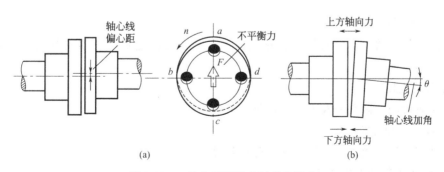

图 1-13-6 轴心线不重合时产生振动

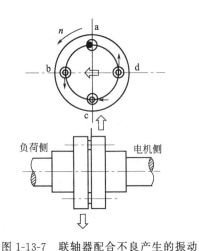

在实际中，由于安装不良，往往两种情况同时存在。轴心线不一致产生振动的特征：

① 轴心线偏差越大，振动也越大；
② 振动中 2 倍旋转频率的成分增加；
③ 电机单独运行时，这些振动就会立即消失。

2. 联轴器配合不良产生的振动

电机与负载机械联轴器配合不好，如图 1-13-7 所示在传递转矩过程中，其传递的转矩就要减小，形成的分力为一个不平衡力，径向施加于轴伸，并随着电机的转动而不断改变方向，并引起振动。

这种振动的特征是：

① 振动频率和电机旋转频率相同；

图 1-13-7 联轴器配合不良产生的振动

② 连接机械和电机端振动相位相反，相位差 180°；
③ 电机单独运转时，振动消失。

二、电机振动测量诊断

电机振动测量诊断是研究电机运行状态变化在振动信息中的反映，通过位移、速度、加速度、相位角、频率和振动力等振动物理量来研究分析找出电机的振源、测量其振动强度、减震措施和可靠性等，对电机进行故障识别、预测和监测，提高电机运行的可靠性和效益。

（一）测量振动系统的组成

振动检测系统主要包括：测振传感器，测振放大器，信号记录和分析设备三个部分。如图 1-13-8 所示。

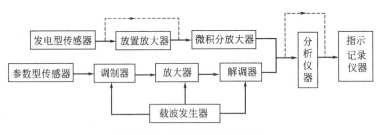

图 1-13-8 振动检测系统组成

1. 测振传感器

选用测振传感器应本着可用和优化的原则，需考虑测量范围、频响范围、灵敏度、精度、稳定性等指标。

2. 测振放大器

主要由放大器、微积分放大器、调频放大器组成。

3. 信号记录和分析设备

有磁带记录仪、数据采集器、振动分析仪器。

（二）振动诊断的基本过程

① 确定诊断对象。

② 选定测量参数。
③ 选择监测点。
④ 确定测量周期。
⑤ 确定诊断方法和标准。

(三) 电机振动测定时的基本要求和规定

1. 测量值的表示方法

不同转速范围的电机，其测量值的表示方法是不同的。国家标准规定，对转速为 600～3600r/min 的电机，稳态运行时采用振动速度有效值表示，其单位 mm/s。对转速低于 600r/min 的电机，则采用位移振幅值（双振幅）表示，其单位为 mm。

2. 对测量仪器的要求

① 仪器的频率响应范围应为 10～1000Hz，在此频率范围内的相对灵敏度以 80Hz 的相对灵敏度为基准，其他频率的相对灵敏度应在基准灵敏度＋10%～－20% 的范围以内，测量误差不超过 ±10%。

② 测量转速低于 600r/min 电机的振动时，应采用低频传感器和低频测振仪，测量误差应不超过 ±10%。

3. 电机的测定安装要求

① 弹性安装。轴中心高为 400mm 及以下的电机，测振时应采用弹性安装。

② 刚性安装。对轴中心高超过 400mm 的电机，测振时应采用刚性安装。被测电机直接置于平台上测量，要求安装平台、基础和地基三者为刚性联结；被测电机放在方箱平台上测振，方箱平台应与基础刚性联结；如基础有隔振措施，或与地基无刚性联结，则要求基础和平台总重大于电机重量的 10 倍，安装平台和基础不应产生附加振动或与电机共振；在安装平台上，测得被测电机静止时的振动速度有效值应小于在运转时最大值的 10%；在电机底脚上或座式轴承相邻的机座底脚上测得的振动速度有效值，应不超过相邻轴承同方向上测得值的 50%，否则认为安装不符要求。

4. 电机在测定时的状态

电机的测振应在电动机空载状态下进行。

① 直流电机的转速和电压应保持额定值（具有串励特性电机仅需保持转速为额定值）。

② 交流电机应在电源频率和电压为额定值时测定。

③ 多速电机和调速电机，应在振动为最大的额定转速下测定；允许正反转运行的电机，应在产生最大振动的那个转向下测定。

5. 对电机轴伸键的要求

采用键联结的电机，测量时轴伸上应带半键，并采取不破坏平衡为前提的安全措施。

6. 电机上测振点的配置

① 轴中心高 45～400mm 的电机，测点数为 6 点，在电机两端的轴向、垂直径向、水平径向各 1 点，如图 1-13-9 所示。径向测点测量方向延长线应尽可能通过轴承支撑点中心。

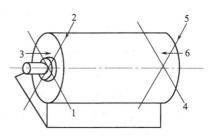

图 1-13-9 小型电机测振点的配置

② 轴中心高大于 400mm 的整台电机，测点数为 6 点。

③ 对座式轴承的电机测点数为 6 点。

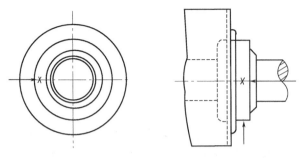

图 1-13-10 端盖式轴承电机测振点配置

7. 测量要求

测量时,测振传感器与测点接触应良好,具有可靠联结而不影响被测部件的振动状态。传感器及其安装附件的总重量应小于电机重量的 1/50。当测振仪读数出现周期性稳态摆动时,取其读数的最大值。

8. 电机振动的限值

根据国家标准 GB 10068.2—88

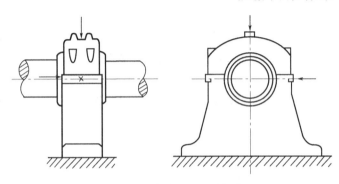

图 1-13-11 座式轴承电机测振点配置

《旋转电机振动测定方法及振动限值》的规定,对不同轴中心高和转速的单台电机,在按 GB 10068.1 测定时,其振动速度有效值应不超过表 1-13-1 的规定。

表 1-13-1 电机振动速度有效值限值/(mm/s)

安装方式	弹性悬置			刚性安装
轴中心高/mm	$45 \leq H \leq 132$	$132 < H \leq 225$	$225 < H \leq 400$	$H > 400$
标准转速/(r/min) $600 \leq n \leq 1800$	1.8	1.8	2.8	2.8
$1800 < n \leq 3600$	1.8	2.8	4.5	2.8

三、电机振动的测量与诊断实例

诊断对象是一台驱动离心式压缩机的异步电机,功率 3400kW,2 极,转速 2970r/min,电源频率为 50Hz,结构上采用整体底板、座式滑动轴承。简易诊断时,发现轴承和定子振动加大,超过允许值,决定对电机轴承振动进行一次精密诊断。

1. 诊断检测项目

① 轴承座振动位移幅值测定,并分析主要频率成分。

② 底板振动分布测定,并记录分布曲线。

③ 用停电法检查,以区分电机的振动是机械振动还是电磁振动。

④ 用激振法测定轴承座的固有振动频率。

2. 测量诊断使用的仪器

① 电动式拾振器。

② 电动型位移振动计。

③ FFT 分析仪。

④ 记录仪。

3. 测量诊断的检测过程

电机振动测量线路如图 1-13-12 所示。根据测量诊断检测项目，分四个步骤进行。

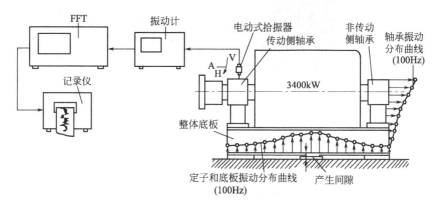

图 1-13-12　3400kW 异步电机振动诊断

(1) 诊断第一步

用手持式拾振器测量电机传动端和非传动端轴承座在垂直、轴向和水平方向的振动，并分析其频率成分。测量和频率成分的分析结果见表 1-13-2。

表 1-13-2　3400kW 电机轴承振动测与分析结果（双振幅值）

轴承位置	传 动 端			非 传 动 端		
测定方向	V	H	A	V	H	A
总的位移幅值/μm	21	13	50	22	22	50
回转频率成分/μm	16	13	11	17	21	11
100Hz 频率成分/μm	15		50	16		50

轴承座振动测量结果说明，根据振动位移幅度来判别，可以发现轴承振动方向主要是轴向振动，振动中主要频率成分是 2 倍电网频率 100Hz。

(2) 诊断第二步

用手持式拾振器逐点移动位置，以测量 100Hz 频率成分沿电机底板长度方向和沿轴承座高度方向振动位移值的分布。分布曲线已标明在图 1-13-13 上。可以发现，定子和底板的振动是接近电机磁力中心线位置就越大。越远离就逐渐减少。轴承座的轴向振动，离底板越远越大。

(3) 诊断第三步

测定轴承座轴向刚度和固有频率。撞击轴承座，用振动计和 FFT 测量和分析自由衰减振动的频率，为了减少测量时轴对轴承座刚性的影响，在测量过程中一直用手扳动转子，使轴旋转。

(4) 诊断第四步

用停电法来区别振动原因。在切断电源后，从记录仪记录下的振动幅值波形可以看出，不到 1s，振动立即变小和消失，如图 1-13-13 所示。说明振动是由电磁原因引起的。

4. 测量诊断结论

① 电机的轴向振动是由电磁原因引起的，由于轴承座轴向的固有频率 100Hz 和电磁激

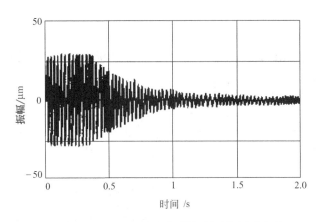

图 1-13-13　3400kW 电机切断电源后的振动变化

振力的频率 100Hz 正好一致,所以轴承座发生了轴向共振。

② 电机整体底板的刚度降低（进一步检查时发现底板与安装垫块之间产生了间隙）,所以使轴承座共振加大。

5. 消除振动可采取措施

① 消除底板和垫板之间间隙,拧紧底脚螺栓和轴承座固定螺栓,以增加底板和轴承座的动态刚度。

② 加强轴承座自身结构刚度,提高固有振动频率,以避免和定子激振力合拍成共振。

四、实训要求

① 搞懂电机振动异常六个方面的原因。
② 分清测量振动系统的组成,各组成在测量中所起的作用。
③ 熟悉电机振动测定时的基本要求和规定,清楚测点位置。
④ 阅读电机振动的测量与诊断实例。

五、实训考核

见表 1-13-3。

表 1-13-3　实训项目量化考核表

项目内容	考核要求	配分	扣分标准	得分
电机振动的异常原因	搞懂电机振动异常的原因,分清电磁振动和机械振动造成的影响,两种振动的区别	40分	电机振动异常的原因,每不清楚一个扣10分	
测量振动系统的组成	能正确表述测量振动系统的组成及各组成在测量中所起的作用	20分	不能表述测量振动系统的组成及各组成在测量中所起的作用,每项扣10分	
电机振动测定时的基本要求和规定	熟悉电机振动测定时的基本要求和规定,清楚测点位置	40分	不能讲清电机振动测定时的基本要求和规定,在30分内扣减;测点位置表达不清扣10分	
安全文明操作	每违反一次扣10分			
指导教师(签字)				

实训十四 电机的选择

一、电机选择应注意的因素

(一) 根据不同环境来选择外壳结构形式（表 1-14-1）

表 1-14-1 根据不同环境选择外壳结构形式

安装场地	环境或目的	可能受到的损坏	应选用电机形式
室内	普通环境 水滴溅落环境 多尘埃（砂尘、灰分、矿石粉） 酸、碱液体或腐蚀性气体 爆炸性气体或可燃性液体与气体 炭粉及其他爆炸性粉尘 低噪声	由于通风冷却障碍造成温升过高 绕组绝缘受损轴承磨损 腐蚀、绝缘老化 爆炸或火灾	防护式、防滴护式 防滴防护式 全封闭外冷式 带滤尘器的开放式 全封闭自冷式 全封闭外冷防腐式 全封闭内冷防腐式 开启防腐式 耐压防爆式 全封闭外冷加强防爆式 内压防爆式 开启增加安全防爆式 带消音器的开启式 全封闭内冷式
室外	普通环境 多尘埃（砂尘、灰分、矿石粉等） 含盐分强的场所 酸、碱液体或腐蚀性气体 爆炸性气体或可燃性液体与气体 炭粉及其他爆炸性粉尘 低噪声	绝缘下降 由于通风冷却障碍造成温升过高 绕组绝缘受损轴承磨损 腐蚀、绝缘能力下降 爆炸或火灾	室外开启式 室外全封闭外冷式 室外全封闭内冷式 全封闭外冷室外式 带过滤器的开启室外式 全封闭外冷防腐式 全封闭内冷防腐式 开启室外防腐式 耐压防爆室外式 全封闭外冷加强防爆室外式 内压防爆室外式 开启增加安全防爆室外式 带消音器的全封闭外冷室外式

(二) 选择电机应核对的项目

1. 负载的特性

连同安装电机的有关机械的特性。

2. 电机使用条件

负载的性质属于连续、短式，还是冲击负载。

3. 装设条件及环境

重点考虑温度、湿度、通风、室内、室外、化学气体、粉尘等因素。

4. 电源条件

电源的容量、接线方式、供电导线截面积、线路长度、容许启动容量等。

(三) 选择电机应掌握的极限值

对于下列各种情况，应掌握其极限值，并使其得到满足。

(1) 负载急剧波动

应掌握负载曲线、等效负载与峰值负载。

(2) 要求高启动转矩

应满足启动转矩、启动次数与启动时间的要求。

(3) 要求高停动转矩

注意负载的最大转矩与其持续时间、次数。

(4) 间歇性大负载

注意负载持续时间与重复次数。

(5) 负载的 GD^2 大

注意启动时间、启动转矩、轴的强度。

(6) 频繁启停

注意 GD^2、所需加速转矩、启动次数。

(7) 要求限制启动电流

掌握启动转矩、启动时间、负载的转动惯量 GD^2。

(8) 一次运行时间短

掌握频繁程度、短时定额。

(9) 要求调速

掌握调速范围、精度和动态特性的响应。

(10) 要求缓慢启动和制动

性能、要求、制动特性、GD^2、寿命。

二、选择电机时电气校核要点

核实要点见图。

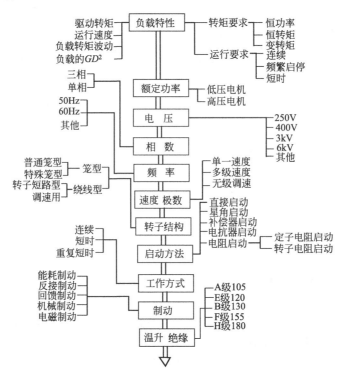

三、实训要求

① 搞懂电机振动异常六个方面的原因。
② 分清测量振动系统的组成,各组成在测量中所起的作用。
③ 熟悉电机振动测定时的基本要求和规定,清楚测点位置。
④ 阅读电机振动的测量与诊断实例。

四、实训考核

见表 1-14-2。

表 1-14-2 实训项目量化考核表

项目内容	考 核 要 求	配分	扣 分 标 准	得 分
选择电机时应注意的主要因素	选择电机时应注意根据应用环境来选择外壳结构型式,选择电机应核对的项目和应掌握的极限值	50分	随机提出环境、应核对的项目和应掌握的极限值,答出对应的外壳结构型式、项目和极限值,答错一个扣10分	
选择电机时电气校核要点	电气校核的11个要点	50分	表述某一要点对电机的选择,答错1个扣10分	
安全文明操作	每违反一次扣10分			
指导教师(签字)				

第二部分

技能拓展

第一节 异步电机旋转原理的分析

一、电磁力产生原理

由电学知识可知,将通有电流的导体放置在磁场中,只要电流方向不与磁力线方向平行,就会有电磁力作用在导体上使之运动。其表达式为

$$F = BIL$$

式中　F——电磁力;
　　　B——磁通密度;
　　　I——电流强度;
　　　L——导体长度。

图 2-1-1 所示为电磁力的产生示意图。

电磁力的产生原理还可这样解释：如图 2-1-2 所示,将通电导体放在匀强磁场中,导体周围磁力线分布变得疏密不匀,导体于是受到由密到疏方向的电磁力的作用。

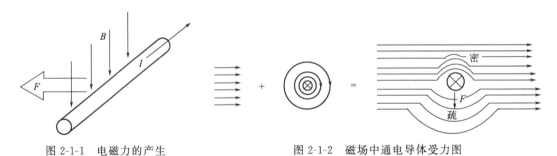

图 2-1-1　电磁力的产生　　　　　图 2-1-2　磁场中通电导体受力图

二、电机旋转原理

放置在磁场中的导体,在磁场中做切割磁力线运动时,导体内部会产生感应电势和电流,电流受到磁场的作用,使导体受到一个力矩,从而能使旋转机构转动。这就是电机旋转的基本原理,见图 2-1-3。

综上所述,要使电机旋转,必须具备磁场、导体,导体必须置于磁场的有效空间中,导体必须闭合,磁场与导体间必须形成相对运动。其旋转的基本原理为：旋转磁场穿过转子,在转子导体内感应出电压,从而在导体内感应出电流,旋转磁场与转子中的感生电流互相

作用，产生电磁转矩，转子受转矩作用而旋转。因此要产生转矩，必要条件是转子导体内有感应电压和电流，转子转速低于旋转磁场转速，转子导体与旋转磁场交连，转子导体内的电流与磁场相互作用。换句话说，转子的转速要比旋转磁场转速稍低一点，以便产生感应电压和感应电流，并使其继续旋转。因此，电机中的旋转磁场是电机能否旋转的基本因素，下节将讲述异步电机中的磁场是如何形成的。

图 2-1-3　电机旋转基本原理

第二节　异步电机旋转磁场的形成

一、三相交流电形成的旋转磁场

给在空间对称分布的三相异步电机的定子绕组通入随时间按正弦规律变化的三相对称交流电，就形成了在空间以一定方向和一定速度旋转的旋转磁场。图 2-2-1 所示为在三相对称分布线圈中形成的磁通分布。P 点的磁通 ϕ 为

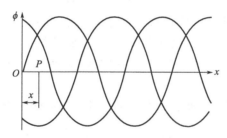

图 2-2-1　线圈中形成的磁通分布

$$\phi = \phi_1 \sin \pi x/\tau + \phi_2 \sin(\pi x/\tau - 2\pi/3) + \phi_3 \sin(\pi x/\tau - 4\pi/3)$$

由 $\phi_1 = \phi_m \sin\omega t$，$\phi_2 = \phi_m \sin(\omega t - 2\pi/3)$，$\phi_3 = \phi_m \sin(\omega t - 4\pi/3)$，得

$$\phi = \phi_m \left\{ \sin\omega t \sin\frac{\pi x}{\tau} + \sin\left(\omega t - \frac{2\pi}{3}\right) \sin\left(\frac{\pi x}{\tau} - \frac{2\pi}{3}\right) + \sin\left(\omega t - \frac{4\pi}{3}\right) \sin\left(\frac{\pi x}{\tau} - \frac{4\pi}{3}\right) \right\}$$

$$= \frac{3}{2}\phi_m \cos\left(\omega t - \frac{\pi x}{\tau}\right)$$

$$= \frac{3}{2}\phi_m \sin\left(\omega t - \frac{\pi x}{\tau} + \frac{\pi}{2}\right)$$

式中　τ——极距；

x——P 点距原点的距离。

当 $\omega t - \frac{\pi x}{\tau} = 0$ 且 $\frac{dx}{dt} = v = \frac{\omega \tau}{\pi}$ 时，$\phi = \frac{3}{2}\phi_m \sin\frac{\pi}{2}$，这表明当对称三相交流电流进入对称三相绕组时，其三相合成磁通分布曲线是空间正弦波，该合成磁通的幅值恒定，并且均速旋转。该磁通的最大值为 $\frac{3}{2}\phi_m$，速度为 $\frac{\omega \tau}{\pi}$，沿正相序方向旋转，电机旋转的线速度为

$$v = \frac{\omega \tau r}{\pi} = \frac{2\pi f \tau r}{\pi} = 2f\tau r = 2f\left(\frac{2\pi r}{2p}\right) = \frac{2f}{2p}(2\pi r) = \frac{2\pi r f}{p}$$

式中　f——频率；

ω——角频率；

p——电机极对数；

r——半径。

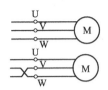

图 2-2-2 旋转磁场改变转向

旋转磁场的同步转速用下式表示：

$$n_0 = \frac{2f}{2p} \times 60 = \frac{60f}{p} \quad (\text{r/min})$$

为了改变旋转方向，只要交换三根电源引线中任意两根位置即可，如图 2-2-2 所示。交换引线位置后旋转磁场的旋转反向相反。因为合成磁通由下式决定

$$\phi = \phi_m \left\{ \sin\omega t \sin\frac{\pi x}{\tau} + \sin\left(\omega t - \frac{4\pi}{3}\right) \sin\left(\frac{\pi x}{\tau} - \frac{2\pi}{3}\right) + \sin\left(\omega t - \frac{2\pi}{3}\right) \sin\left(\frac{\pi x}{\tau} - \frac{4\pi}{3}\right) \right\}$$

$$= -\frac{3}{2}\phi_m \cos\left(\omega t + \frac{\pi x}{\tau}\right)$$

二、单相交流电形成的旋转磁场

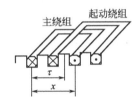

图 2-2-3 单相线圈绕组分布

单相交流电所形成的磁场是大小变化的脉振磁场。因此，需要采用某种方法以获得旋转磁场。为此，在与主绕组线圈差 $\pi/2$ 电角度处放置起动绕组线圈（也叫辅助线圈），如图 2-2-3 所示，并在其中通以与主绕组线圈电流有一定相位差的电流，便可得到旋转磁场。

当主绕组和起动绕组线圈中通过大小相同、相位差为 90°的电流时，其合成磁场为

$$\phi = \phi_m \sin\omega t \sin\frac{\pi x}{\tau} + \phi_m \sin\left(\omega t - \frac{\pi}{2}\right) \sin\left(\frac{\pi x}{\tau} - \frac{\pi}{2}\right) = \phi_m \cos\left(\omega t - \frac{\pi x}{\tau}\right)$$

实际上，即使没有相位差为 90°的电流，由于各个线圈阻抗不同，电流不同相，电机也能起动，这种情况下虽然不是均匀分布的旋转磁场，却可形成椭圆形旋转磁场。主绕组线圈和起动绕组线圈磁通大小不一样时也能形成椭圆形旋转磁场。为使电机反转，需要改变旋转磁场方向调换，只需调换主绕组线圈或起动绕组线圈中任意一对接线头，电机就可反转了，此时产生的合成磁通为

$$\phi = \phi_m \sin\omega t \sin\frac{\pi x}{\tau} - \phi_m \sin\left(\omega t - \frac{\pi}{2}\right) \sin\left(\frac{\pi x}{\tau} - \frac{\pi}{2}\right)$$

$$= -\phi_m \cos\left(\omega t + \frac{\pi x}{\tau}\right)$$

第三节 电机轴承的选择和使用注意事项

一、电机轴承的选择

1. 轴承型号的选择

一般是根据电机的使用条件及承受负荷对轴承型号进行选择，首先了解所选轴承的型号是否与电机的实际负荷相符，如果轴承达不到使用要求，应尽快改选型号。

2. 轴承游隙的选择

在选择轴承时，除了关注其型号与等级，还要了解轴承的游隙。在选择游隙时，必须了解轴承的使用条件，其中轴承的转速、温度、配合公差都直接关系到轴承游隙的选择。轴承在不同状态下其游隙会发生相应的变化。

（1）原始游隙　原始游隙是轴承在安装至机器前处于自由状态下的游隙。原始游隙不通过测量是难以得知的，常用检验游隙来代替。所谓检验游隙，是指在施加测量载荷的条件下用仪器检测而得的游隙数据，严格地说，检验游隙与轴承的原始游隙并不相同，但在一般情况下二者在读数上相差不大，因而可以用检验游隙代替原始游隙。

（2）有效游隙（或称工作游隙）轴承在安装到主机上后，在一定载荷作用下，达到稳定运转状态下时轴承中的实际游隙称为有效游隙。显然，有效游隙比原始游隙小。

一般转速在3500r/m以下的电机大多采用相对较小的游隙，高温高速电机则要求采用相对较大的游隙。轴承游隙在装配后会因为内孔的涨大及外圆的缩小而减小，游隙的减小量=过盈量×60%，比如轴承装配前游隙是0.01mm，装配时过盈量为0.01mm，则轴承装配后的游隙为0.004mm。在理论上，轴承在游隙为零时可达到最佳工作状态，但在实际运转中考虑到温升等问题，轴承在装配后游隙为0.002～0.004mm时较好。

3. 轴承游隙的要求

合适的游隙有助于轴承的正常工作。游隙过小，轴承运转时温度容易升高，无法正常工作，甚至使滚动体卡死；游隙过大，轴承噪声大，设备振动大。

轴承中存在游隙是为了保证轴承得以灵活无阻滞地运转，但是同时也要求能保证轴承运转平稳，轴承的轴线没有显著沉降，以及承担载荷的滚动体的数目尽可能多。因此，轴承的游隙对轴承的动态性能（噪声、振动和摩擦）、旋转精度、使用寿命以及承载能力都有很大影响。

4. 轴承密封形式的选择

轴承的润滑可分为油润滑和脂润滑。油润滑轴承一般采用结构密封，脂润滑轴承一般采用防尘盖密封或橡胶密封件密封。

防尘盖密封适用于高温或使用环境好的场合；密封件密封分接触式密封和非接触式密封两种，接触式密封防尘性能好，但也使电机的启动力矩大，非接式密封使电机的启动力矩小，但密封性能没有接触式好。

二、轴承使用注意事项

1. 轴和轴承室公差的控制

轴承被压入轴后，应转动灵活，无阻滞感。如有明显转动不灵活，则表明轴的尺寸太大了，公差要下调。若轴承压入轴后用手转动时有明显"沙沙"声，则可能是轴的公差太大或轴的圆度不好。所以在控制好轴和轴承室公差时也要控制好圆度，目前国内很多厂家只对公差进行控制，没有对圆度进行控制。

2. 轴承的装配方式

轴承是高精度产品，如装配不当，很容易对轴承沟道造成损伤，导致轴承损坏。轴承在装配时应采用专用工具，不能随意敲打；在将轴承压入轴时，只能使轴承小圈受力，压轴承大圈时只能使大圈受力。

装配轴承时要求采用气压或液压设备，在压装时，上下模要处于水平状态，如有倾斜，会导致轴承沟道损坏，而使轴承运转时产生异响。

3. 装配异物的防止

轴承在被装到转子上做动平衡时，动平衡检验产生的铁屑很容易进入轴承内部，因此最好是在装轴承前对转子做动平衡。

有一些厂家为了装配方便，装配时在轴承室内涂上一层油或油脂，起润滑效果，但操作人员往往很难将量控制好，如果油或油脂在轴承室内积留较多，在这些油或油脂在轴承转动时很容易沿着轴进入轴承内部。因此轴承室最好不要涂油或油脂，若非涂不可，则要控制好用量，在轴承室内不得有积留。

4. 漆锈故障的预防

漆锈故障多发生在密封式的电机中：电机在装配时声音很正常，但在仓库内放了一段时间后，电机异响变得很大，拆下轴承会发现有严重生锈现象。

以前很多厂家认为这是轴承的问题，其实主要是绝缘漆的问题。绝缘漆挥发出来的酸性物质在一定的温度、湿度下会对轴承沟道产生腐蚀，导致轴承损坏，从而使电机产生异响。该问题的解决方法目前只能是选用好的绝缘漆，并在烘干通风一段时间后再进行轴承装配。

电机的轴承一般分为滚动轴承和滑动轴承两类。滚动轴承装配结构简单，维修方便，主要用于中小型电机；滑动轴承多用于大型电机。

轴承的使用寿命与轴承的制造、装配、使用都紧密相关，必须在每个环节都做好，才能使轴承处于最佳的运转状态，从而延长轴承的使用寿命。

第四节 轴承润滑脂的分析与选择

一、轴承润滑脂性能要求

1. 润滑原理

电机转动时，润滑脂内的三维纤维网状结构通过剪切作用在滚动体、轴承座和轴承座圈上形成的一层润滑油膜，随着不断的剪切，析出的润滑脂在轴承盖的空腔内不断地循环流动，使轴承温度得到冷却并趋近于一个平衡值。

2. 性能要求

润滑脂应具备适应温差的性能；润滑脂的润滑性、抗磨性、抗氧化性、流动性要好；润滑脂本身不应含有固形物；在 $-25\sim120$℃时，起动力矩小、运转力矩低、耗能少、温升低；应具有防水、防锈、防腐蚀和绝缘性，可适用于苛刻的工作环境；应具有良好的减振作用，降低噪声。

二、轴承润滑脂的识别

轴承润滑脂大多是半固体状的物质，具有独特的润滑性，如图 2-4-1 所示。润滑脂的组成成分为基础油、增稠剂及添加剂。当选择时，应选用非常适合于轴承使用条件的润滑脂。由于类型不同，润滑脂在性能上会有很大差别。常用的轴承润滑脂有钙基润滑脂、钠基润滑脂、钙钠基润滑脂、锂基润滑脂、铝基润滑脂和二硫化钼润滑脂等。

图 2-4-1 轴承润滑脂

1. 分类

轴承润滑脂主要根据工作条件和容许的工作温度分类。

轴承润滑脂的稠度和润滑能力受到工作温度的影响，在某一温度下工作的轴承必须要使用同样温度下有合适稠度和良好润滑效果的润滑脂。轴承润滑脂依据不同的工作温度范围，大致分为低温用、中温用和高温用三种。另外还有添加二硫化钼后形成的耐挤压润滑脂，以及在其中添加相关添加剂以加强润滑油膜强度的润滑脂。

2. 低温高速轴承润滑脂

使用精密轴承的电机所用的轴承润滑脂必须具有与轴承同样的运转寿命，这样才能尽量延长维护周期，缩短停机时间，提高劳动生产率。在高速运转状态下润滑脂要保证电机温升低，不甩油，降低功耗，保护电机。轴承润滑脂杂质含量应控制在一定标准之下，以最大限度地减小设备噪声，减少对环境的污染。低温高速轴承润滑脂在超低温工作条件下可以保证轴承起动和运转的灵活性，保证输出功率最小，是采用高纯度的化学合成油和一些特殊添加剂在高洁净度的环境中生产出的。这类润滑脂的缺点是在使用温度超过150℃时，随着温度的升高，其寿命急剧下降。这种润滑脂抗载荷和抗冲击能力比较弱，应避免在中大型轴承上使用，以防由于边界润滑而产生烧结。

3. 高温长寿命低噪声轴承润滑脂

这种润滑脂在高温下不流失，在180℃下能保持一定稠度，不软化，油脂泄漏较少，在轴承中承受高频反复剪切和很大的离心力作用时，润滑脂即使流到滚道也不会甩出。这类润滑脂有一定的高温使用寿命，在高温下具有较好的抗氧化能力，从而延长轴承和相关设备的寿命。由于高温润滑脂的纤维一般硬度较大，所以在轴承噪声测试中静音性能远远不如锂基润滑脂。高温长寿命润滑脂一般分为两种，一种是复合锂基润滑脂，其高温性能较好，但由于其稠化剂中低分子酸的加入使其硬度较大，在轴承中表现为抗振动性能较差；另一种是静音性能和高温性能皆优良的润滑脂，这种润滑脂的使用温度达200℃，其稠化剂中不含有金属离子，硬度较小，因此静音性能很好，同时，其基本化学成分之间具有热耦合效应，润滑脂中不含任何可以引起催化和氧化作用的金属离子，而含有具有丰富氮氧原子的稠化剂，所以这种润滑脂可以使轴承使用寿命延长。

4. 通用低噪声电机轴承润滑脂

这种润滑脂在轴承中的应用量最大，约占总量的70%。这类润滑脂选用柔软、容易过滤的锂皂做稠化剂，用矿物油作为基础油，很容易满足中低档轴承降低振动值的要求。这种润滑脂具有良好的泵送性，无论是机械加脂还是用手加脂都简便易行，而且该润滑脂价格低廉，可大大降低成本。但由于使用了矿物基础油，采用了这种润滑脂的轴承寿命只能达到200h。该类润滑脂使用温度一般为20~120℃，当在150℃以上使用时，会出现基础油蒸发过快，流失严重等现象，大大缩短轴承使用寿命。

三、轴承润滑脂选择原则

选用轴承润滑脂主要考虑其在减摩、防护、密封等方面所发挥的作用，以保证设备处于良好润滑状态，防止设备损坏，延长维护周期，减少维修工作量，减少润滑脂消耗，降低生产成本。

1. 滑动轴承润滑脂

滑动轴承润滑脂应具有良好的粘附性；对于潮湿或淋水的环境应选用防水性好的钙基、铝基或锂基润滑脂；润滑脂的最高允许温度应满足高温环境工作要求，大负荷、低转速时应选用锥入度小的润滑脂；高转速时还应考虑机械安定性好、黏度低等特性。

2. 滚动轴承润滑脂

(1) 工作温度　轴承润滑点的工作温度超过润滑脂允许温度上限后，温度每升高 10～15℃，润滑脂寿命减少 1/2；当润滑脂基础油损失 50%～60% 时，润滑脂润滑能力丧失。所以高温工作环境下应选择抗氧化性好、热蒸发损失小、滴点高的润滑脂。

(2) 速度　转速为 20000r/min 的主轴，润滑脂的锥入度选 220～250；转速为 10000r/min 时，润滑脂的锥入度选 175～205；对于配合紧密的轴承，转速为 1000r/min 时，润滑脂的锥入度在 245～295 范围内。

(3) 负荷　高负荷轴承采用高黏度、高抗磨性、高极压性、稠化剂含量高的润滑脂；中、低负荷轴承采用中等黏度、短纤维润滑脂。

(4) 环境　根据不同的工作环境选择具有相应特性的润滑脂，比如防水、防尘、防锈、防腐等。

3. 根据运转速度选择

润滑脂的选用受轴承转速限制。滚动轴承的速度因数极限为 350000，滑动轴承的速度极限为 5m/s，当运转速度超过极限值时，不宜采用润滑脂进行润滑。

4. 根据运转负荷选择

应根据设备运转负荷来选择润滑脂，对中等负荷和高负荷的运转设备，应该选择极压型润滑脂，否则会损伤设备。

四、轴承润滑脂流失原因及防治

1. 润滑脂流失原因

(1) 化学原因　由于在摩擦部位受热，加上空气的氧化作用，基础油和稠化剂被氧化，导致润滑脂的皂结构被破坏，使用中出现软化流失。

(2) 物理原因　由于在摩擦部位润滑脂不断受到剪应力的作用，使皂结构受到破坏，软化流失。

(3) 杂质原因　运转中磨损产生的金属杂质能加速润滑脂的氧化，产生有机酸，从而破坏润滑脂的结构，造成润滑脂流失。

2. 润滑脂流失的防治

避免润滑脂在使用过程中流失，可从以下几个方面考虑。

(1) 根据环境选用润滑脂　润滑部位所处的环境对润滑脂的性能有极大影响，因此在选择润滑脂时，应着重考虑。例如潮湿和易与水接触的部位，不宜选择钠基润滑脂，甚至不宜选用锂基润滑脂，因为钠基润滑脂抗水性较差，遇水容易变稀流失和乳化，有些部位用锂基润滑脂也无法满足要求，如立式水泵的轴承经常浸泡在水中，用锂基润滑脂会发生乳化，轴承很容易损坏，在这样的部位应当选用抗水性良好的复合铝基润滑脂或脲基润滑脂，或者选用抗水性能更好地锂-钙基润滑脂。

(2) 根据接触部位选用润滑脂　与酸或酸性气体接触的部位不宜选用锂基或复合钙基、复合铝基、膨润土润滑脂，这些润滑脂遇酸（弱酸）或酸性气体会变稀流失，造成轴承防护不良，产生腐蚀，更为严重的是润滑不良。这些部位的润滑应选用抗酸性能好的复合钡基润滑脂或脲基润滑脂。若是接触强酸或强氧化介质，则应使用全氟润滑脂。

(3) 根据接触介质选用润滑脂　经常同海水或盐水接触的部位应当选用复合铝基润滑脂；同天然橡胶或油漆接触的部位应避免选用以酯类油尤其是双酯类油为基础油的润滑脂；

接触燃料油类或石油基润滑油类介质的部位应选用特种耐油润滑脂;同甲醇相接触的应选用专用耐甲醇润滑脂。

五、使用润滑脂的注意事项

1. 防锈性

使用于轴承的润滑脂必须具有防锈性能,润滑脂中的防锈剂最好能不溶于水,并且具有良好的附着力,可以在钢材表面形成一层保护膜。

2. 机械稳定性

润滑脂在工作过程中会变软,导致泄漏;正常运行时润滑脂会由轴承座甩到轴承内。如果润滑脂的机械稳定性不够,运转过程中其内部的皂结构会产生机械性崩解,造成润滑脂被破坏,从而失去润滑作用。

3. 油封

油封是保护轴承和润滑脂免受外来污染的屏障。轴承运转过程中,无论是杂物还是湿气,都不能进入轴承内,以免造成轴承破坏。

4. 安装保养

正确的安装保养是使轴承达到最长使用寿命的重要因素。必须注意保持轴承的清洁度,防止轴承和润滑脂受到污染物和湿气的污染,并保证正确的安装和润滑。

六、综述

电机轴承故障的 40% 由润滑不良导致,提高润滑质量可以使轴承寿命提高 1～4 倍。70% 的滚动轴承使用润滑脂来润滑,因此正确选择润滑脂的重要性不容忽视。对滚动轴承润滑脂的选择主要考虑轴承的运转条件,如使用环境、工作温度和电机转速等。当环境温度较高时,应使用耐水性强的润滑脂;转速高时,应选用锥入度大(稠度较稀)的润滑脂,以免高速运转时润滑脂内产生很大的摩擦损耗,使轴承温升增高和电机效率降低;负载大时,应选择锥入度小的润滑脂。滚珠轴承一般采用锂基润滑脂润滑,滑动轴承、含油轴承一般用涡轮机油润滑。日常使用轴承润滑脂时还要注意以下事项。

① 所加注的润滑脂量要适当。
② 注意防止不同种类、不同牌号及新旧润滑脂的混用。
③ 重视润滑脂加注过程的管理。
④ 注意季节用润滑脂的适时更换。
⑤ 注意定期更换润滑脂。
⑥ 不要用木制或纸制容器包装润滑脂。

第五节 三相异步电机的等效电路和特性计算

一、同步速度与转差率

旋转磁场的同步转速 n_0 由频率和极对数决定:

$$n_0 = \frac{60f}{p}$$

而异步电机的转速 n 略低于旋转磁场的转速,即稍低于同步转速,两者之间的关系用转差率 s 表示;有:

$$n = n_0(1-s) = \frac{60f}{p}(1-s)$$

即

$$s = \frac{n_0 - n}{n}$$

二、异步电机原理模型

异步电机原理模型如图 2-5-1 所示，可以把异步电机看作是具有旋转绕组的变压器，定子绕组视为变压器的一次绕组，转子绕组视为变压器的二次绕组，定子与转子间是空气隙，没有直接电路联系。定子绕组与转子绕组借助于磁耦合相互作用。

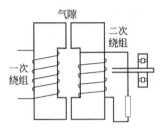

图 2-5-1 异步电机原理模型

三、等效电路

由于二次绕组（转子绕组）是旋转的，再加上短节距绕组、分布绕组等影响因素，建立等效电路时不仅要考虑由绕组系数决定的有效匝数比，还要考虑与转子导体交链的旋转磁场和转差率。图 2-5-2（a）所示是异步电机一相的电路，图 2-5-2（b）所示是折算成静止状态的等效电路，考虑到实际情况，进一步再加上激磁电路，就得到图 2-5-2（c）所示的等效电路。激磁电路中的电流为空载电流，r_m 是等效空载损耗的电阻，x_m 是激磁电路的感抗。

因为 $\dfrac{r'_2}{s} = r'_2 + \dfrac{(1-s)}{s} r'_2$，因此等效电路其实就是把二次铜损的 r'_2 和机械输出部分的功率 $\dfrac{(1-s)}{s} r'_2$ 分开。

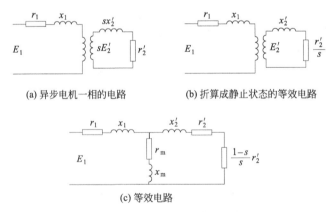

(a) 异步电机一相的电路　　　　(b) 折算成静止状态的等效电路

(c) 等效电路

图 2-5-2 异步电机等效电路

四、功率和电磁转矩

1. 功率

输入功率 $P_1 = 3U_1 I_1 \cos\varphi_1$。

定子电流流过定子绕组时，电流在定子绕组电阻上的功率损耗称为定子铜损 $P_{\mathrm{Cu}1}$：

$$P_{\mathrm{Cu}1} = 3 r_1 I_1^2$$

旋转磁场在定子铁心中会产生铁损耗 $P_{Fe}=3r_m I_0^2$，因此最后得到的电磁功率 $P_{em}=P_1-(P_{Cu1}+P_{Fe})$。由等效电路可得：

$$P_{em}=3E'_2 I'_2 \cos\varphi_2=3I'^2_2 \frac{r'_2}{s}$$

转子电流流过转子绕组时，电流在转子绕组电阻上的功率损耗称为转子铜损 P_{Cu2}，$P_{Cu2}=3r'_2 I'^2_2=SP_{em}$。传递到转子的电磁功率扣除转子铜损后即为电机的总机械功率 P_{MEC}：

$$P_{MEC}=P_{em}-P_{Cu2}=\frac{3(1-s)}{s}r'_2 I'^2_2=(1-s)P_{em}$$

异步电机运行时，转轴上最后实际输出的功率为

$$P_2=P_1-P_{Cu1}-P_{Fe}-P_{Cu2}-P_{mec}-P_{ad}$$

式中　P_{mec}——机械损耗；

　　　P_{ad}——附加损耗

异步电机的功率分布流程图如图 2-5-3 所示。

2. 电磁转矩

转矩平衡式：$T_2=T_{em}-T_0$

由转矩平衡式可推出：$T_{em}=\dfrac{P_{MEC}}{\omega}=\dfrac{(1-s)P_{em}}{\dfrac{2\pi n}{60}}=\dfrac{P_{em}}{\dfrac{2\pi n_0}{60}}=\dfrac{P_{em}}{\omega_0}$

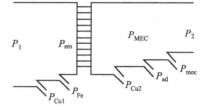

图 2-5-3　异步电机功率分布流程图

电磁转矩物理表达式：$T_{em}=C_T\phi_0 I'_2\cos\varphi_2$

电磁转矩参数表达式：$T_{em}=\dfrac{P_{em}}{\omega_0}=\dfrac{3I'^2_2\dfrac{r'_2}{s}}{\dfrac{2\pi f}{p}}=\dfrac{3pU_1^2\dfrac{r'_2}{s}}{2\pi f\left[\left(r_1+\dfrac{r'_2}{s}\right)^2+(x_1+x'_2)^2\right]}$

五、工作特性及机械特性

1. 工作特性

电机的工作特性如图 2-5-4 所示，包括有转速特性 $n=f(P_2)$、转矩特性 $T_2=f(P_2)$、定子电流特性 $I_1=f(P_2)$、定子功率因数特性 $\cos\varphi_1=f(P_2)$、效率特性 $\eta=f(P_2)$。

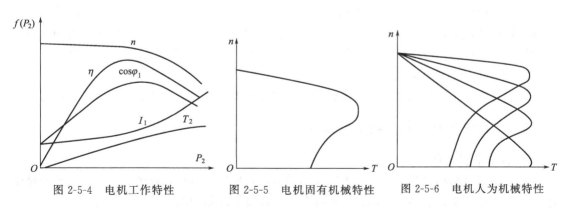

图 2-5-4　电机工作特性　　图 2-5-5　电机固有机械特性　　图 2-5-6　电机人为机械特性

2. 机械特性

电机机械特性分为固有机械特性和人为机械特性两种。电机固有机械特性如图 2-5-5 所

示，电机人为机械特性如图 2-5-6 所示。

电机的启动过程是电机接通电源后，由静止状态加速运行到稳定运行状态过程。三相异步电机的启动之所以困难，是因为三相异步电机启动电流大，从而会造成电网电压下降，容易影响其他设备，因此，为减小启动电流，一般采取减小启动电压方式，这样就造成启动转矩也随之下降，由于启动转矩下降，启动时间也加长，从而出现启动困难的现象。因此要采取措施，做到既要使启动电流小，以减小对电网的冲击，又要使电机启动转矩大，以加速启动过程，缩短启动时间。

第六节　三相异步电机的启动

一、鼠笼式转子异步电机的启动

1. 直接启动

直接启动的特点：方法简单，无需复杂启动设备，启动性能恰好与所要求的相反。

(1) 启动电流大　启动时，$n=0$，$s=1$，转子电势很大，所以转子电流很大，由磁势平衡关系得知定子电流也必然很大。

(2) 启动转矩不大　启动时的转差率远大于正常运行时的转差率，启动时转子的功率因数很低，由 $T_{em}=C_T\phi_0 I'_2\cos\varphi_2$ 得知，尽管 I'_2 大，但有功分量 $I'_2\cos\varphi_2$ 并不大，所以启动转矩不大。其次，由于启动电流大，定子绕组漏抗压降大，使定子绕组感应电势减小，导致对应的气隙磁通减小，从而造成启动转矩不大。当鼠笼转子电机的启动倍数 k、容量 P 与电网容量 S_1 满足下述经验公式时，电机便可直接启动：

$$k \leqslant \frac{1}{4}\left(3+\frac{S_1(\text{kV}\cdot\text{A})}{P(\text{kW})}\right)$$

式中，S_1 表示电网容量，kV·A；P 表示电机容量，kW。若上述条件不满足，应采用降压启动方式。

2. 降压启动

(1) 电阻（或电抗）降压启动　启动时在鼠笼电机定子三相绕组上串接对称电阻（或电抗）。

(2) Y-D 降压启动　Y-D 降压启动即星形—三角形降压启动，正常运行时定子绕组为三角形连接的电机，启动时采用星形连接，运行时切换到三角形接法，这样可使启动电流和启动转矩在降压启动时都降为直接启动时的 1/3。这种方法多用于空载或轻载启动。

3. 自耦变压器降压启动

通过自耦变压器把电压降低后再加到电机定子绕组上，以达到减小启动电流的目的。

二、绕线式转子异步电机的启动

1. 转子串联电阻启动

为了在整个起动过程中得到较大的加速转矩，并使启动过程比较平稳，应在转子回路中串联多级对称电阻，启动时，随着转速的升高，逐段解除起动电阻。

绕线式异步电机在转子串联不同级数的电阻时的输出转矩（即电磁转矩）与转速的关系曲线如图 2-6-1 所示，图中纵轴为电机的转速与额定转速之比，横轴为电机的输出转矩与额

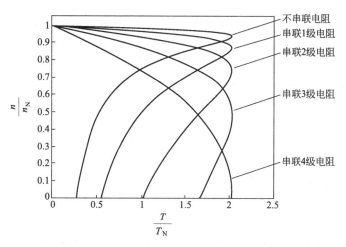

图 2-6-1　转子串接不同级数电阻时输出转矩与转速关系曲线

定转矩之比。图中的 5 条曲线由上至下依次是串联 0 至 4 级电阻时电机的转矩—转速特性曲线。串联的电阻越多，低速下的输出转矩越大，高速下的输出转矩越小。

电机在串联不同电阻时的定子电流与转速的关系曲线如图 2-6-2 所示，电机从电网吸收的有功功率与转速的关系曲线如图 2-6-3 所示。

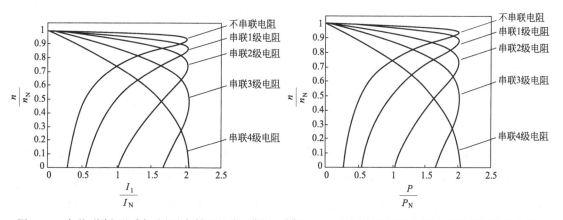

图 2-6-2　串联不同电阻时定子电流与转速的关系曲线　　图 2-6-3　电机从电网吸收的有功功率与转速的关系

在启动加速过程中，一般采用转矩最优控制方式，即在转矩—转速特性曲线中串连不同电阻的曲线的交叉点处切换短接开关，在此方式下，电机在加速过程中能获得最大的输出转矩，且短接开关动作前后电机的输出转矩连续变化。这一控制可以由人工实现，也可以采用 PLC 自动完成。此控制方式下电机的转矩—转速曲线如图 2-6-4 中黑色粗线所示，电机从电网吸收的有功功率与转速关系曲线如图 2-6-5 中黑色粗线所示。

在图 2-6-4 中不难看出，在转矩最优控制方式下，电机的启动加速过程近似为恒转矩加速过程，电机输出转矩为 1.8~2.1 倍额定转矩；在启动加速过程中，消耗的有功功率在 2~2.2 倍额定功率间变化，即使在低速时，由于串接的电阻耗能巨大，电机虽然输出功率不大，但其从电网吸收的有功功率仍为额定功率的 2~2.2 倍；在高速段，由于串入的电阻较少，电阻上损耗所占比例不大，但在低速段，包括电机的爬行阶段和加速起步阶段，电网提供的绝大部分电能被串联电阻所消耗，浪费了大量的电能源，如图 2-6-6 所示。

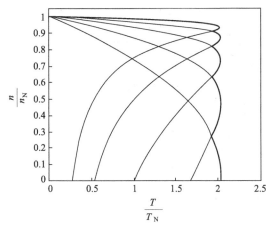

图 2-6-4 转矩最优控制下转矩—转速曲线

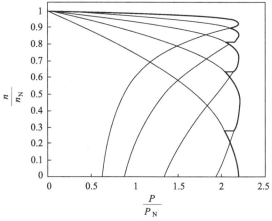

图 2-6-5 转矩最优控制下功率与转速特性曲线

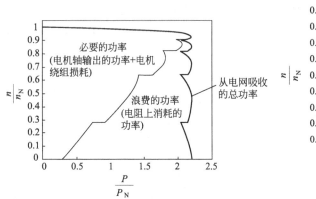

图 2-6-6 转矩最优控制下电机串联电阻的耗能

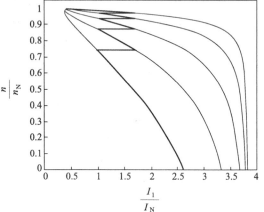

图 2-6-7 对额定电流切换控制时定子电流与转速关系曲线

转矩最优控制方式下，虽然电机能够输出最大的加速转矩，但在启动加速过程中电机电流较大，约为2～3倍额定电流。因此在负载较轻时，有时为了降低加速时的电机电流，操作人员可适当提高各开关动作时的电机转速，在电流降至额定电流时切换短接开关，此时电机的定子电流和从电网吸收的有功功率与转速的关系曲线分别如图2-6-7、图2-6-8所示。

在对额定电流进行切换控制时，在中等速度以上的加速过程中，电机电流有所减小，约为1～1.7倍额定电流，电机的输出转矩也有所降低，约为1～1.7倍额定转矩，且脉动增加，开关动作前后输出转矩有大幅跳跃，电机消耗的功率有所下降，但由于加速转矩较低，加速时间较长，实际加速过程所耗电能并未减少，见图2-6-9。由于加速转矩较低，因而此控制方法不适用于重载提升场合。

2. 转子串接频敏变阻器启动

绕线式转子异步电机采用转子串接电阻启动时，若想在启动过程中保持较大的启动转矩且启动平稳，必须采用较多的启动级数，这必然导致启动系统复杂化。为了克服这个问题，可以采用频敏变阻器启动。频敏变阻器是一个铁损耗很大的三相电抗器，如图2-6-10所示。从结构上看，它像一个没有二次绕组的三相芯式变压器，绕组分别绕在三个铁芯上并作星形联接，最后接到转子滑环上。

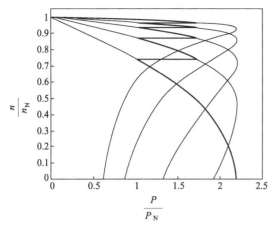
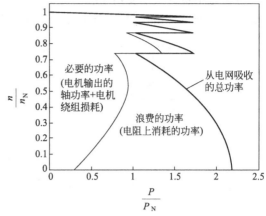

图 2-6-8 对额定电流切换控制时功率与转速关系曲线　　图 2-6-9 对额定电流切换控制时电机耗能与转速变化

启动时，转子串入频敏变阻器，电机接通电源开始启动的瞬间，$n=0$，$s=1$，转子电流频率 $f_2=sf_1=f_1$（最大），频敏变阻器的铁芯中与频率平方成正比的涡流损耗最大，即铁损耗大，反映铁损耗大小的等效电阻 r_m 变大，此时相当于转子回路中串入一个较大的电阻。启动过程中，随着 n 上升，s 减小，$f_2=sf_1$ 逐渐减小，频敏变阻器的铁损耗逐渐减小，r_m 也随之减小，这相当于在启动过程中逐渐切除转子回路中串入的电阻。启动结束后，切除频敏变阻器，转子电路直接短路。

图 2-6-10 频敏变阻器

因为频敏变阻器的等效电阻 r_m 是随频率 f_2 的变化而自动变化的，因此称为"频敏"，它相当于一种无触点的变阻器，在启动过程中，它能自动、无级地减小电阻，如果参数选择适当，可以在启动过程中保持转矩近似不变，使启动过程平稳、快速。

第七节　三相异步电机的调速分析

根据三相异步电机的转速公式

$$n=n_0(1-s)=\frac{60f_1}{p}(1-s)$$

可知，三相异步电机有下列三种基本调速方法：
① 改变定子极对数 p 调速；
② 改变电源频率 f_1 调速；
③ 改变转差率 s 调速。

一、变极调速

变极调速方式分单绕组方式、多绕组方式和级联法，其中单绕组方式分单节距倍极方式和特殊绕组方式，级联法分串级法和并级法。

等节距倍极方式主要用于转速比为 2∶1 的情况，别的转速比也可以得到，但由于出线数太多，一般不采用。图 2-7-1 所示为等节矩倍极方式接线图。

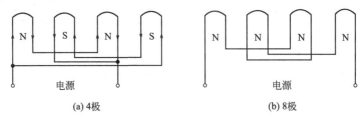

图 2-7-1　等节矩倍极方式接线图

变极调速方式按照接线形式的不同，可以分为恒功率方式和恒转矩方式，如图 2-7-2 所示。

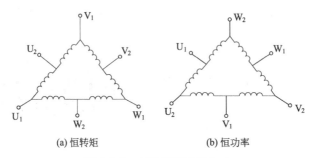

图 2-7-2　变极调速接线方式

特殊绕组方式采用一部分虚设线圈进行反极性联接达到变极目的，如图 2-7-3 所示。

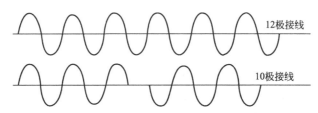

图 2-7-3　采用虚设线圈进行反极性联接变极

当使用单一绕组不能实现倍数变极时，应使用多绕组方式，这些绕组各有相应的极数，因为暂时不使用的绕组成为虚设绕组，其中有感应电压，应注意勿使其中有环流存在。若有两组以上绕组时，槽的尺寸要大些。

级联法调速方式中的串级法是利用一台电机转子向第二台电机的定子供电，两台电机所产生的旋转磁场方向相反；并级法是将两台电机的转子并联，两台电机的平均极数决定其转速。

二、变频调速

变频调速通过改变电机频率和电压来达到电机调速的目的。变频调速具有效率高、调速范围宽、精度高、调速平稳、无级变速等优点，因而被广泛使用，是完成国家电机能效提升计划所采用的非常重要的技术之一。

1. 变频调速特点

（1）节能　变频调速一般可以节能 10%～50%。

(2) 提高电网侧功率因数　无功功率不但增加线损和使设备发热，更重要的是使功率因数降低，导致电网有功功率降低，使大量的无功电能消耗在线路当中，造成设备使用效率低下，浪费严重。使用变频调速装置，由于变频器内部滤波电容的作用，功率因数很高，从而减少了无功损耗，增加了电网的有功功率。

(3) 软起动功能　利用变频器的软启动功能，使启动电流从零开始上升，最大值也不超过额定电流，可减轻对电网的冲击和对供电容量的要求，延长设备的使用寿命。

2. 电压随频率调节的规律

当转差率变化不大时，三相异步电机的转速基本上与电源频率成正比。连续调节电源频率就可以平滑地改变电机的转速。但是单一地调节电源频率将导致电机运行性能的恶化，因为电机正常运行时，定子漏阻抗压降很小，可认为定子的端电压为

$$U_1 \approx E_1 = 4.44 f_1 W_1 k_{w1} \Phi_m$$

若定子端电压 U_1 不变，则当频率 f_1 减小时，主磁通 Φ_m 将增加，这将导致磁路过度饱和，励磁电流增大，功率因数降低，铁芯损耗增大；而当频率 f_1 增大时，主磁通 Φ_m 将减小，电磁转矩及最大转矩下降，过载能力降低，电机的容量得不到充分利用。因此，为了使电机能保持较好的运行性能，要求在调节 f_1 的同时，改变定子电压 U_1，以维持 Φ_m 不变，或保持电机的过载能力不变。一般认为，在任何类型负载下变频调速时，若能保持电机的过载能力不变，则电机的运行性能较为理想。电机的过载能力为

$$\lambda_T = \frac{T_m}{T_N} = c \frac{U_1^2}{f_1^2 T_N}$$

为了保持变频前后 λ_T 不变，要求下式成立：

$$\frac{U_1^2}{f_1^2 T_N} = \frac{U'_1{}^2}{f'_1{}^2 T'_N}$$

即

$$\frac{U'}{U} = \frac{f'_1}{f_1} \sqrt{\frac{T'_N}{T_N}}$$

变频调速时，U_1 与 f_1 的调节规律是和负载性质相关的，通常分为恒转矩变频调速和恒功率变频调速两种情况。

3. 恒转矩变频调速

对于恒转矩负载，$T_N = T'_N$，于是有

$$\frac{U_1}{f_1} = \frac{U'_1}{f'_1} = C$$

在恒转矩负载下，若能保持电压与频率成正比，则电机在调速过程中既保证了过载能力不变，同时又能满足主磁通不变的要求，说明变频调速特别适用于恒转矩负载。

4. 恒功率变频调速

对于恒功率负载，要求在变频调速时电机的输出功率保持不变，即

$$P_N = \frac{T_N n_N}{9550} = \frac{T'_N n'_N}{9550} = C$$

所以

$$\frac{T'_N}{T_N} = \frac{n_N}{n'_N} = \frac{f_1}{f'_1}$$

得

$$\frac{U_1}{\sqrt{f_1}} = \frac{U'_1}{\sqrt{f'_1}} = C$$

在恒功率负载下，如能保持 $\dfrac{U_1}{\sqrt{f_1}}=C$，则电机的过载能力不变，但主磁通将发生变化。

5．变频调速节能原理

下面以电机拖动水泵为例来说明转速与节能的关系，水泵的转速 n 的变化与流量 Q、压力 H 和输出功率 P 之间的变化有如下的关系：

$$\dfrac{Q_1}{Q_2}=\dfrac{n_1}{n_2}$$

$$\dfrac{H_1}{H_2}=\left(\dfrac{n_1}{n_2}\right)^2$$

$$\dfrac{P_1}{P_2}=\left(\dfrac{n_1}{n_2}\right)^3$$

流量与转速的一次方成正比，压力与转速的平方成正比，功率与转速的三次方成正比。若电机转速下降20%，则功率下降到51.2%；若转速下降50%，则轴功率下降到12.5%，即使考虑调速装置本身的损耗等因素，节电也是相当可观的。

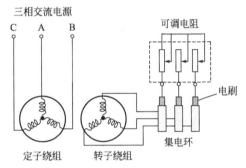

图 2-7-4 绕线式转子异步电机的转子串接电阻

由此可见，当通过降低转速减少流量来达到节能目的时，所消耗的功率将降低很多。例如，当转速降低到80%时，流量也减少到80%，而电机轴功率却下降到51%；若流量需减少到40%，则转速相应地需减少到40%，此时轴功率下降到6.4%。

三、 变转差率调速

变转差率调速主要包括绕线式转子异步电机的转子串接电阻调速、串级调速及异步电机的定子调压调速。

1．转子串接电阻调速

如图 2-7-4 所示为绕线式转子异步电机的转子串接电阻示意图。转子串入电阻时，n_0、T_m 不变，但 s_m 增大，机械特性曲线斜率增大。当负载转矩一定时，转差率随转子串联的电阻的增大而增大，电机的转速随转子串联的电阻的增大而减小。这种调速方法多用于对调速性能要求不高的恒转矩负载设备上，例如起重机等。

2．串级调速

串级调速系统如图 2-7-5 所示。在负载转矩不变的条件下，异步电机的电磁功率、转子铜损耗与转差率成正比，所以转子铜损耗又称为转差功率。由于转子串接电阻调速时，转速调得越低，转差功率越大，输出功率越小、效率越低，所以采用转子串接电阻调速方式很不经济。如果在转子回路中不串接电阻，而是串接一个与转子电势同频率的附加电势，通过改变附加电势的幅值和相位，同样也可实现调

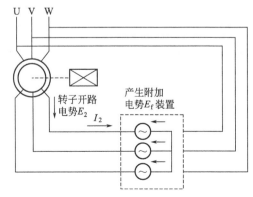

图 2-7-5 串级调速系统

速，这样电机在低速运行时，转子的转差功率只有小部分被转子绕组本身电阻所消耗，而其余大部分被附加电势所吸收，将这部分转差功率回馈到电网，使电机在低速运行时仍有较高的效率，这种调速方法称为串级调速。

3. 调压调速

调压调速特性曲线如图 2-7-6 所示。当定子电压降低时，电机的同步转速和临界转差率均不变，但电机的最大电磁转矩和启动转矩均随着电压的减小而急剧下降。这种调速方法主要用于风机类等负载。

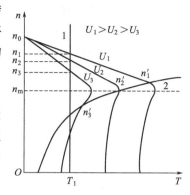

图 2-7-6 调压调速特性曲线

第八节 异步电机的制动

一、异步电机的制动方法

异步电机的制动方法分为如下几种。

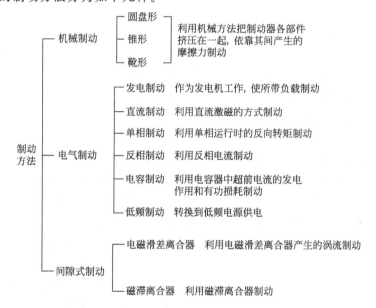

二、异步电机的制动参数

1. 制动转矩 T_B

$$T_B = KT_M = \frac{974PK}{n_N}$$

式中 T_M——最大制动转矩；

P——输出功率；

n_N——额定转速。

2. 制动时间 t

$$t = t_0 + \frac{(\sum GD^2)\varepsilon}{375(T_B + T_R)}$$

式中　GD^2——转动惯量；
　　　ε——角加速度；
　　　T_B——制动转矩；
　　　T_R——负载阻力转矩；
　　　t_0——惰性时间。

3. 制动能量 E

$$E=\frac{\sum GD^2}{7150}n^2$$

三、电气制动

电机的电气制动是电机控制中经常遇到的问题。一般电气制动会应用在两种不同的场合：一种是为了达到迅速停车的目的，以各种方法使电机旋转磁场的旋转方向和转子旋转方向相反，从而产生一个电磁制动转矩，使电机迅速停止转动；另一种是在某些场合当转子转速超过旋转磁场转速时，电机会处于制动状态。

一般电气制动主要采用反接制动（反相制动）、能耗制动（直流制动）及发电制动三种方式。

1. 能耗制动

（1）能耗制动的原理

在定子绕组中通以直流电，从而产生一个固定不变的磁场。此时转子沿旋转方向切割磁力线，从而产生一个制动力矩。由于此制动方法并不像再生制动那样把制动时产生的能量回馈给电网，而是单靠电机把动能消耗掉，因此叫能耗制动。由于是在定子绕组中通以直流电来制动，因而能耗制动又叫直流注入制动。

（2）制动工作过程

如图 2-8-1 所示，把异步电机从电源断开的同时，在定子绕组中通上直流电，于是定子绕组便产生一个恒定的磁场。转子因惯性而继续旋转并切割该恒定磁场，转子导体中便产生感应电势及感应电流。转子感应电流与恒定磁场作用，产生的电磁转矩为制动转矩。由于制动电流过大会造成过热，所以应注意通电时间与制动电流的大小。

（3）应用场合

能耗制动单纯依靠电机消耗动能来达到停车的目的，因而制动效果和精度并不理想。在一些要求制动时间短和制动效果好的场合，一般不使用此制动方法，如起重机械，其运行特点是电机转速低，而且频繁地启动、停止和正反转，拖着所吊重物运行，为了实现准确而又灵活地控制，电机

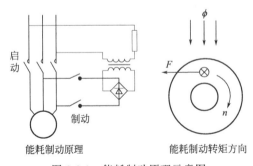

图 2-8-1　能耗制动原理示意图

经常处于制动状态，并且要求制动力矩大，而能耗制动则达不到这些要求。故起重机械一般采用反接制动，且要求有机械制动，以防在运行过程中重物滑落。

2. 反接制动

（1）反接制动原理

在电机断开电源后，为了使电机迅速停车，在电机的电源接线端加上与正常运行电源反

相的电源，此时电机转子的旋转方向与电机旋转磁场的旋转方向相反，电机产生的电磁力矩为制动力矩，使电机减速。

（2）制动工作过程

当异步电机转子的旋转方向与定子磁场的旋转方向相反时，电机便处于反接制动状态，分两种情况，一种是在电动运行状态突然将电源两相反接，使定子旋转磁场的方向由原来的顺转子转向改为逆转子转向，这种情况下的制动称为定子两相反接制动，如图 2-8-2 所示，图中 KS 为速度继电器；另一种是保持定子磁场的转向不变，而转子在负载作用下进入倒拉反转，这种情况下的制动称为倒拉反转的反接制动。

反接制动有一个最大的缺点，就是当电机转速为零时，如果不及时断开反相后的电源，电机会反转。解决此问题的方法如下。

① 在电机反相电源的控制回路中加入一个时间继电器，在反相制动一段时间后断开反相后的电源，从而避免电机反转。由于此种方法制动时间难于估算，因而制动效果并不精确。

② 在电机反相电源的控制回路中加入一个速度继电器，当传感器检测到电机速度为零时，及时切掉电机的反相电源。由于速度继电器实时监测电机的转速，因而制动效果要好得多。

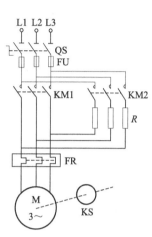

图 2-8-2　反接制动主接线

（3）应用场合

由于反接制动是靠反转达到瞬时制动，因此，不允许反转的机械，如一些车床等，就不能采用反接制动，而只能采用能耗制动或机械制动。

3. 再生制动

再生制动也叫回馈制动，它和能耗制动、反接制动均不同，再生制动只是电机在特殊情况下的一种工作状态，而能耗制动与反接制动是为达到迅速停车的目的人为在电机上施加的制动方法。

（1）再生制动原理

当电机的转子旋转速度超过电机同步磁场的旋转速度时，转子绕组切割磁力线所产生的电磁转矩的旋转方向和转子的旋转方向相反，此时，电机处于制动状态。之所以把此时的状态叫再生制动，是因为此时电机处于发电状态，即电机的动能转化成了电能。此时，可以采取一定的措施把产生的电能回馈给电网，达到节能的目的。因此再生制动也叫发电制动。

（2）制动工作过程

异步电机在电动状态运行时，由于某种原因，电机的转速超过了电机磁场同步转速，这时电机便处于再生发电制动状态，再生发电制动现象主要发生于下放重物时的回馈制动和变极或变频调速过程中的回馈制动。

① 起重机重物下降时，电机转子在重物重力的作用下，转子的转速有可能超过磁场同步转速，此时，电机处于再生制动状态。这时，电机的制动转矩阻止重物的下落，直至制动转矩和重力形成的转矩相等时，重物才会停止下落。

② 在变频调速过程中，当变频器把频率降低时，电机磁场同步转速也随之降低，但转子转速由于负载惯性的作用不会马上降低，此时电机也会处于再生制动状态，直至负载的速度也下降为止。

(3) 应用场合

如图 2-8-3 所示，用变频器调速的电机在减速时，由于电机在设定频率的同步速度以上旋转，电机此时变为感应发电机，电机和负载的惯性能量返回至变频器。这时变频器直流回路中的电容器被充电，电压上升。若返回能量过大，则变频器的过压保护装置动作，电机又变为自由运行，不再减速。制动电阻将能量以热能消耗掉，从而提高变频器的减速能力。

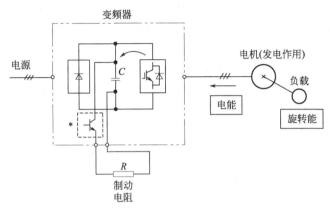

图 2-8-3 再发生电制动的应用

图 2-8-3 中，制动电阻 R 的大小直接影响电机制动的效果，R 的计算方法如下。

最大电阻值 R_{max}：

$$R_{max} = \frac{U_C^2}{P_{B(max)}}$$

最小电阻值 R_{min}：

$$R_{min} = \frac{U_C}{I_B}$$

式中，I_B 为晶体管中最大电流。

四、机械制动

机械制动是利用电磁铁的吸引与释放，把静止不动的物体机械地靠在旋转体上，依靠两者之间的摩擦力获得制动力。依靠机械运动获得制动力的方式可以有不同形式。图 2-8-4 所示为典型的机械制动器。制动器有磨损部件、摩擦间隙调整部件等容易出问题的地方，这样就要进行定期检查和调整。此外从寿命上看，有必要使用到一定程度后就更换新的制动器。

五、电磁滑差离合器、磁滞离合器制动

1. 电磁滑差离合器制动

电磁滑差离合器就是涡流联轴节，通过涡流联轴节把输出轴和电机结合起来。调节涡流联轴节内的电流，可使结合转矩变化，改变涡流联轴节的电流方向即可产生制动转矩。

2. 磁滞离合器

磁滞离合器的转子间套有磁滞杯，磁滞杯在具有凹凸磁极的转子之间起制动作用，如图 2-8-5 所示。当磁极被激磁时，在磁滞杯中可引起磁滞损耗。磁滞杯与转子之间通过磁场联系，并使之旋转。若把转子的一端固定，就形成了磁滞制动器。

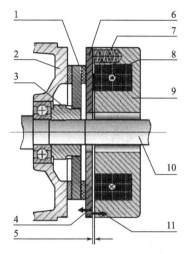

图 2-8-4 机械制动器
1—制动盘；2—制动端盖；3—轴套；
4—弹簧力方向；5—工作间隙；6—压力盘；
7—制动弹簧；8—制动线圈；9—制动线圈座；
10—电动轴；11—电磁力方向

图 2-8-5 磁滞离合器

第九节 电机的选择

一、选择电机应核对的项目

选择电机应核对的项目如下。
① 负载的特性；
② 电机使用条件（连续、短式、冲击负载等）；
③ 安装条件、环境（温度、湿度、通风、室内、室外、化学气体、粉尘等）；
④ 电源条件（容量、接线、供电导线截面、线路长度、容许启动容量等）。

二、选择电机应掌握的极限值

对于下列各种情况，应掌握其极限值，并使其得到满足。
① 负载急剧波动：应掌握负载曲线、等效负载与峰值负载。
② 要求高启动转矩：应满足启动转矩、启动次数与启动时间的要求。
③ 要求高制动转矩：注意负载的最大转矩与其持续时间、次数。
④ 间歇性大负载：注意负载持续时间与重复次数。
⑤ 负载的转动惯量大：注意启动时间、启动转矩、轴的强度。
⑥ 频繁启停：注意转动惯量、所需加速转矩、启动次数。
⑦ 要求限制启动电流：掌握启动转矩、启动时间、负载的飞轮效应。
⑧ 一次运行时间短：掌握频繁程度、短时定额。
⑨ 要求调速：掌握调速范围、精度和动态特性响应。

三、选择电机时电气校核要点

选择电机时电气校核要点如下。

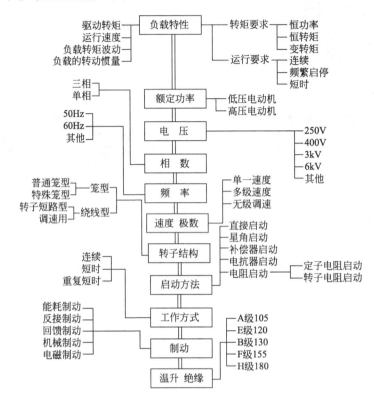

第十节　常见外部因素对异步电机的影响

一、电压、频率的变化对异步电机的影响

异步电机工作性能受电源频率、电路常数以及电压变化的影响。电机磁场同步转速与电源频率成正比。当电源频率减小或电压上升时，空载损耗变化很大，转矩随电压的平方而变化。频率改变时，电阻与电抗的比例关系改变，并与频率变化成反比。当电源电压、电源频率同时改变时，应按表2-10-1评价对各个指标所造成的影响。

表2-10-1　电压和频率变化对各指标的影响

指标	电压变化的影响（频率恒定）	频率变化的影响（电压恒定）
同步速度	无	成正比
定子电流（额定电流）	随电压减小而增加	大致成反比
启动电流	成正比	大致成反比
最大功率	与电压平方成正比	大致成反比
最大转矩	与电压平方成正比	大致与频率平方成反比
启动转矩	与电压平方成正比	近似与频率平方成反比
效率	随电压减小而降低	随频率降低而降低

续表

指　标	电压变化的影响 （频率恒定）	频率变化的影响 （电压恒定）
功率因数	随电压增加而下降	随频率降低而降低
转差率	与电压平方成正比	成正比
温升	电压稍微上升时变化不太大，但当电压大幅度上升或降低时温升增加	功率一定时，频率增加则温升下降

二、三相不平衡电压对异步电机的影响

三相不平衡电压对电机的影响主要体现在其对三相电流的影响及对电机输出功率、电机效率和电磁转矩的影响。由于三相不平衡电压可分解为零序、正序和逆序分量，而零序分量会随着电机外壳接地而消失，这时只有正序分量电压和逆序分量电压。

正序分量电压形成正序电流。由于正序电流形成的旋转磁场转向与电机的旋转方向相同，从而产生正序转矩；逆序分量电压形成逆序电流，由于其旋转磁场转向与电机的旋转方向相反从而产生逆序转矩。所以，在不平衡电压作用下运行的电机，其表现在外部的转矩是正序转矩与逆序转矩之差。由此可见不平衡电压对异步电机运行的影响其实就是电压的正序和逆序分量相抵消的结果。

1. 正逆序分量的比值

若将正、逆序电压分量建立比值，对应的正、逆序阻抗之比却很小，那正逆序电流分量之比反而很大。如果相对正序电压来说，逆序电压只占1%的话，那逆序电流相对正序电流就能扩大到5.2%。可见电流不平衡率是电压不平衡率的数倍。特别是转差率越小，这种倾向就越大。接近空载时，不平衡电流甚至可达到10倍。而且，当各相电流的相位不同时，其间的关系将更复杂。

2. 逆序分量对异步电机的影响

由于电压不平衡而出现逆序分量时，电机中的铜损耗就随之增加；铁损耗也随之增大。整个转子损耗增大。

3. 电压不平衡所引起的后果

当输入电机的电压不平衡时，反映在电机上的现象主要有：①电流不平衡；②温升增加；③效率下降；④输入增大；⑤振动和噪声增加。对电机的机械特性上造成的影响主要体现在两个方面。

① 不平衡电压对电机三相电流的影响　电机电流的不平衡度与电压不平衡度（电机的转差率一定）成线性关系，电流不平衡度在不同转差率时与电压不平衡度也成线性关系。在轻载下，电流不平衡度对电压不平衡度更为敏感，在重载情况下电流不平衡度对电压不平衡度敏感度较低。

② 不平衡电压对电机输出的电磁转矩及机械效率的影响　当三相电压不平衡时，正序电压产生正的电磁转矩为驱动力矩，负序电压产生负的电磁转矩为制动转矩，从而使总的电磁转矩减小。

电机在对称运行时，电机内是一个均匀的圆形旋转磁场，其电磁转矩为恒值。在不对称运行时，合成磁动势的轨迹是一个椭圆形旋转磁场。因此，电机的电磁转矩相应变化。不再是一个恒值。从而引起电机振动，转矩不均匀和电磁噪音，以及合成转矩减小，使得电机的

启动性能和过载能力下降。

电机的效率与转差率有关，电机转差率越大，则效率越高。随电压不平衡度的变化，电机的效率会有一个相对平缓的变化，当超过一定值时电机的效率迅速下降。

4. 三相电压不平衡的不良影响

三相电压不平衡会使三相电流不对称，影响电机的旋转，使电机的转矩减小，启动性能和过载能力下降，还会严重影响到电机的运行效率。所以电动机在三相电压严重不平衡情况下运行是不允许的。

三、频繁启动对异步电机的影响

启动频次低时，启动时的热损耗可在运行中或停车时散掉；启动频次高时，由于反复启动，热能就容易积累起来。

启动频繁时，电机不能得到正常运行时那样的通风冷却，而停止时又难以得到足够的自然冷却时间。因此应充分考虑其能量损耗、发热量及冷却面积，冷却效果较差或冷却不充分时，应减少电机的输出功率。

在启动频繁的场合，一般不使用通用电机，而是采用专用电机。专用电机启动电流小、启动转矩大、转子电阻大，更有利于启动。对于高频次启动的电机，应了解以下各项参数：①额定（输出）功率；②负载持续率；③每小时启动次数；④负载惯性率。

四、周围环境对异步电机的影响

1. 高温对异步电机的影响

通常以40℃作为标准环境温度，当周围环境温度高于这个数值时，电机输出功率就得降低；而低于这个数值时，输出功率可以提高。

2. 低温对异步电机的影响

在低温场合使用的电机，必须选用耐低温材料。用于严寒地区、冷库、低温槽等场合的电机，要采取相应措施，有针对性地选用相关润滑剂和绝缘材料。

3. 高湿度对异步电机的影响

湿度增加，绝缘电阻会下降，特别是当盐分、尘土等附于绝缘物上时，这些物质引起电解作用，导致绝缘电阻下降更明显。另外，绝缘电阻下降很容易造成电机漏电等安全问题。

在高湿度环境使用电机时，应采取下述措施。

① 采取全封闭型电机。湿度不太高时，不用开启式电机，而用外壳防护式全封闭电机，或用外风扇式全封闭电机。

② 耐湿绝缘处理。当湿度大时，为提高电机绝缘能力，应进行耐湿绝缘处理。

③ 安装空间对流加热器。在电机内部安装加热器，以防电机停止运行时绕组吸潮。

4. 振动对异步电机的影响

电机绝缘材料受振动，会使其绝缘性能变坏，振动也是促使电机轴承使用寿命缩短的重要原因之一，因此需要全面考虑轴承所受的负载、轴承负载能力以及寿命等方面。

振动过大会造成电机机械结构的故障，因此要考虑地脚螺栓的机械强度和疲劳强度。

5. 散热不良对异步电机的影响

电机表面附有尘土，或因灰尘造成通风道有效面积减少，或电机安装在不通风的地方，或安装在能受到辐射热的地方，或受使用条件限制需要密闭起来，在上述各种情况下，由于

散热条件差,可导致下列后果:
(1) 随着散热量降低,电机温升增加;
(2) 由于电机周围温度上升,反过来促使电机本身温度进一步上升。

从而会造成电机过热、烧损、润滑脂外流或电机内温度继电器动作等种种问题。

在上述情况下,应设法改善电机工作条件,选择合适的电机,或适当降低电机的输出功率。

五、爆炸性气体、腐蚀性气体对异步电机的影响

在有爆炸性气体的环境中使用的电机,必须采用符合防爆等级以及危险环境要求的结构形式,如加强防爆型、耐压防爆型、内压防爆型、充油防爆型、特殊防爆型等。

在有腐蚀性气体的环境中,由于酸、碱及其他有害气体的存在,容易造成以下后果:
(1) 电机结构材料受腐蚀;
(2) 电机绝缘材料的绝缘性能变坏;
(3) 润滑油、润滑脂变质;
(4) 电极接触部分腐蚀、生锈等。

六、定转子间的气隙不均匀对异步电机的影响

定子和转子间有电磁吸力。如果各处气隙间隔相等、磁导率相同,则各处电磁吸力呈对称分布,电机轴处于平衡状态。倘若气隙不均匀,便产生不平衡吸力,转子易被不平衡吸力拉向某一边。尽管电机在设计和制造上力求对称、同心,但仍难避免不同程度的误差,因而会在运行时产生一定的不平衡电磁吸力。另外电机带负载时,传动皮带的拉力以及转动部件不对称或弯曲,会导致气隙不均匀。

气隙不均匀时,因气隙磁通密度和气隙大小成反比,气隙小则磁通密度大,于是气隙较小处的电磁吸力大于气隙较大处的电磁吸力,这两个力的差值即是不平衡电磁吸力,这个电磁吸力也有固有频率,而且是电源频率的二倍,在这个电磁力作用下,电机会产生较大的机械振动,有时还会发生某特定频率噪声增大的情况。因此,在制造、运行、维护中,必须将气隙不均匀度限制在容许范围内。一般而言,气隙最大值与最小值之差应小于其平均值的20%。

第十一节 伺服电机的应用分析

伺服电机又称执行电机,在自动控制系统中作为执行设备,它将输入的电压信号转变为转轴的角位移或角速度输出,通过改变输入信号的大小和极性便可以改变伺服电机的转速与转向,故输入的电压信号又称为控制信号或控制电压。

根据使用的电源不同,伺服电机分为直流伺服电机和交流伺服电机两大类。直流伺服电机输出功率较大,功率范围为1~600W,而交流伺服电机输出功率较小,功率范围一般为0.1~100W。

一、直流伺服电机

直流伺服电机实际上就是他励直流电动机,其结构和原理与普通的他励直流电动机相同,只是输出功率较小。

1. 控制方式

当直流伺服电机励磁绕组和电枢绕组都通过电流时,直流电机便可转动起来,当其中的一个绕组断电时,电机会立即停转,故输入的控制信号既可加到励磁绕组上,也可加到电枢绕组上。

(1) 电枢控制方式

这种控制方式把控制信号加到电枢绕组上,通过改变控制信号的大小和极性来控制转子转速的大小和方向。

(2) 励磁控制方式

即把控制信号加到励磁绕组上进行控制。这种控制方式存在着调节特性在某一范围不是单值函数,因而每个转速会对应两个控制信号的缺点,使用场合很少。

2. 工作原理

直流伺服电机采用电枢控制方式时,电枢绕组即为控制绕组,控制电压 U_c 直接加到电枢绕组上进行控制。而励磁控制方式则有两种:一种是用励磁绕组通直流电进行励磁,称为电磁式直流伺服电机;另一种使用永久磁铁作磁极,省去励磁绕组,称为永磁式直流伺服电机。直流伺服电机电枢控制线路如图 2-11-1 所示,励磁绕组接到电压为 U_f 的直流电源上,产生励磁电流 I_f,从而产生励磁磁通 Φ,电枢绕组接控制电压,那么直流伺服电机电枢回路的电压平衡方程为

$$U_c = E_a + I_a R$$

若不计电枢反应的影响,电机的每极气隙磁通 Φ 将保持不变,则

$$E_a = C_e \Phi n$$

电机的电磁转矩公式为

$$T = C_T \Phi I_a$$

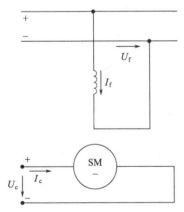

图 2-11-1 直流伺服电机电枢控制线路

3. 机械特性

电枢控制的直流伺服电机的机械特性方程为

$$n = \frac{U_c}{C_e \Phi} - \frac{R_a}{C_e C_T \Phi^2} T = n_0 - \beta T$$

改变控制电压 U_c,机械特性曲线的斜率 β 不变,故其机械特性曲线是一组平行的直线,如图 2-11-2 所示。直流伺服电机的理想空载转速为

$$n_0 = \frac{U_c}{C_e \Phi}$$

机械特性曲线与横轴的交点处的转矩就是 $n=0$ 时的转矩,即直流伺服电机的堵转转矩 T_k,$T_k = \frac{C_T \Phi}{R_a} U_c$。

控制电压为 U_c 时,若负载转矩 $T_L \geq T_k$,则电机堵转。

4. 调节特性

调节特性是指在一定的转矩下电机的转速 n 与控制电压 U_c 的关系。直流伺服电机调节特性如图 2-11-3 所示,它也是一组平行线。由调节特性可以看出,当转矩不变时,如 $T = T_1$,增强控制信号 U_c,直流伺服电机的转速随之增加,且两者呈正比例关系;反之,减弱控制信号 U_c 到某一数值 U_1,直流伺服电机停止转动,即在控制信号 U_c 小于 U_1 时,电机堵

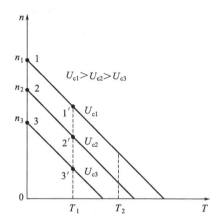

图 2-11-2　直流伺服电机机械特性

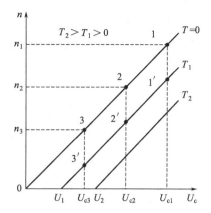

图 2-11-3　直流伺服电机的调节特性

转。要使电机能够转动，控制信号 U_c 必须大于 U_1，故 U_1 叫做始动电压，实际上始动电压就是调节特性曲线与横轴的交点。所以，从原点到始动电压之间的区段，叫作某一转矩时直流伺服电机的失灵区。由图可知，T 越大，始动电压也越大，反之亦然；当为理想空载状态时，$T=0$，始动电压为 0。

由上可知，采用电枢控制时直流伺服电机的机械特性和调节特性都是线性的，而且不存在"自转"现象（控制信号消失后，电机仍不停止转动的现象叫"自转"现象），在自动控制系统中多被采用。

二、交流伺服电机

1. 工作原理

交流伺服电机实际上就是两相异步电机，所以有时也叫两相伺服电机。如图 2-11-4 所示，电机定子上有两相绕组，一相是励磁绕组 f，接到交流励磁电源 U_f 上，另一相为控制绕组 C，接入控制电源 U_c，两绕组在空间上互差 90°电角度，励磁电压和控制电压频率相同。

交流伺服电机的工作原理与单相异步电机有相似之处。当交流伺服电机的励磁绕组通入励磁电流 I_f 时，若控制绕组的控制电压 U_c 为零（即无控制电压），所产生的是脉振磁通势，建立的是脉振磁场，电机无启动转矩；当控制绕组加上的控制电压 U_c 不为零，且产生的控制电流与励磁电流的相位不同时，则能建立起椭圆形旋转磁场（当 $\dot{I}_c$ 与 $\dot{I}_f$ 相位差为 90°时，则为圆形旋转磁场），于是产生启动转矩，电机转子转动起来。如果伺服电机参数与一般的单相异步电机一样，那么当控制信号消失时，电机转速虽会下降些，但仍会继续不停地转动，应设法消除这种失控现象。

2. 失控现象的消除

根据单相异步电机理论可知，单相绕组通过电流时产生的脉振磁场可以分解为正向旋转磁场和反向旋转磁场，正

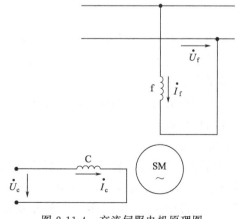

图 2-11-4　交流伺服电机原理图

向旋转磁场产生正转矩 T_+，起拖动作用，反向旋转磁场产生负转矩 T_-，起制动作用。正转矩 T_+ 和负转矩 T_- 与转差率 s 的关系如图 2-11-5 所示，电机的电磁转矩 T 应为正转矩 T_+ 和负转矩 T_- 的合成，如图 2-11-5 中的实线所示。

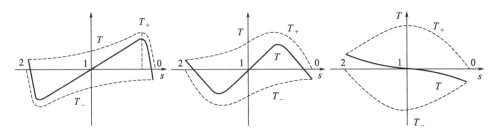

(a) 合成转矩与转差率的关系　　(b) 增加转子电阻后的曲线　　(c) $s_{m+} \geqslant 1$ 时的曲线

图 2-11-5　正转矩、负转矩与转差率的关系

当电机正向旋转时，$s_+ < 1$，$T_+ > T_-$，合成转矩 $T = T_+ - T_- > 0$，所以，即使控制电压消失，即 $U_c = 0$，电机在只有励磁绕组通电的情况下运行，仍有正向电磁转矩，电机转子仍会继续旋转，只不过电机转速稍有降低而已，于是产生"自转"而失控现象。

"自转"的原因是控制电压消失后，电机仍有与原转速方向一致的电磁转矩。消除"自转"就是消除与原转速方向一致的电磁转矩，同时产生一个与原转速方向相反的电磁转矩，使电机在 $U_c = 0$ 时停止转动。

可通过增加转子电阻的办法来消除"自转"。增加转子电阻后，正向旋转磁场产生最大转矩 T_{m+} 时的临界转差率 s_{m+} 为

$$s_{m+} \approx \frac{r'_2}{x_1 + x'_2}$$

s_{m+} 随转子电阻 r'_2 的增加而增加，而反向旋转磁场所产生的最大转矩所对应的转差率 $s_{m-} = 2 - s_{m+}$，合成转矩（即电机电磁转矩）则相应减小，如图 2-11-5（b）所示。如果继续增加转子电阻，使正向磁场产生最大转矩时的 $s_{m+} \geqslant 1$，使正向旋转的电机在控制电压消失后的电磁转矩为负值，即为制动转矩，使电机制动到停止，从而消除"自转"现象，如图 2-11-4（c）所示，因此，要消除交流伺服电机的"自转"现象，在设计电机时必须满足条件

$$r'_2 \geqslant x_1 + x'_2$$

增大转子电阻 r'_2 不仅可以消除"自转"现象，还可以扩大交流伺服电机的稳定运行范围。但转子电阻过大会降低启动转矩，从而影响电机的快速响应性能。

3. 电机结构型式

交流伺服电机的定子结构与异步电机类似，在定子槽中装有励磁绕组和控制绕组，而转子有两种结构型式。

（1）笼型转子

交流伺服电机的笼型转子和三相异步电机的笼型转子一样，只是笼型转子导条采用高电导率的导电材料制造，如青铜、黄铜。另外，为了提高交流伺服电机的快速响应性能，其笼型转子做得比较细长，以减小转子的转动惯量。

（2）非磁性空心杯转子

如图 2-11-6 所示,非磁性空心杯转子交流伺服电机有两个定子:外定子和内定子。外定子铁芯槽内安放有励磁绕组和控制绕组,而内定子一般不放绕组,仅作磁路的一部分。空心杯转子位于内外绕组之间,通常用非磁性材料(如铜、铝或铝合金)制成。在电机旋转磁场作用下,杯形转子内产生感应涡流,涡流再与主磁场作用产生电磁转矩,使杯形转子转动起来。由于非磁性空心杯转子的壁厚约为 0.2~0.6mm,因而其转动惯量很小,故电机运转平稳,无抖动现象。由于使用内外定子,气隙较大,故励磁电流较大,电机快速响应特性好,运行平稳。

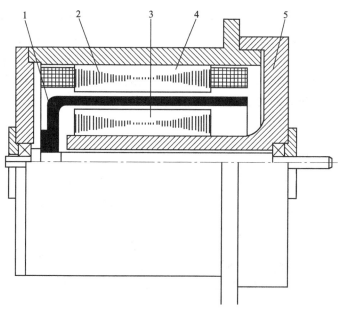

图 2-11-6 非磁性空心杯转子结构图
1—空心杯转子;2—外定子;3—内定子;4—机壳;5—端盖

4. 电机控制方式

如果在交流伺服电机的励磁绕组和控制绕组上分别加以两个幅值相等、相位差 90°的电压,那么电机的气隙磁场是一个圆形旋转磁场。如果改变控制电压 $\dot{U}_c$ 的大小或相位,那么气隙磁场是一个椭圆形旋转磁场,控制电压 $\dot{U}_c$ 的大小或相位不同,气隙的椭圆形旋转磁场的椭圆度不同,产生的电磁转矩也不同,从而改变了电机的转速。当 $\dot{U}_c$ 的幅值为零或者 $\dot{U}_c$ 与 $\dot{U}_f$ 的相位差为 0°时,气隙磁场变为脉振磁场,无启动转矩。因此,交流伺服电机的控制方式有三种。

(1) 幅值控制

如图 2-11-7 所示,幅值控制通过改变控制电压 $\dot{U}_c$ 的大小来控制电机转速。此时控制电压 $\dot{U}_c$ 与励磁电压 $\dot{U}_f$ 之间的相位差始终保持 90°。若控制绕组的额定电压 $\dot{U}_{cn}=\dot{U}_f$,那么控制信号的大小可表示 $\dot{U}_c=\alpha\dot{U}_{cn}$,$\alpha$ 称为有效信号系数,那么以 U_{cn} 为基值,控制电压 $\dot{U}_c$ 的标么值为

$$U_c^* = \frac{U_c}{U_{cn}} = \frac{\alpha U_{cn}}{U_{cn}} = \alpha = \frac{U_c}{U_f}$$

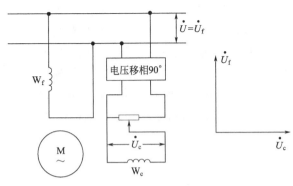

图 2-11-7 幅值控制接线图及相量图

当有效信号系数 $\alpha=1$ 时,控制电压 $\dot{U}_c$ 与 $\dot{U}_f$ 的幅值相等,相位相差 90°,且两绕组空间相差 90°电角度,此时所产生的气隙磁通势为圆形旋转磁通势,产生的电磁转矩最大;当 $\alpha<1$ 时,控制电压小于励磁电压的幅值,所建立的气隙磁场为椭圆形旋转磁场,产生的电磁转矩减小。α 越小,气隙磁场的椭圆度越大,产生的电磁转矩越小,电机转速越慢,在 $\alpha=0$ 时,控制信号消失,气隙磁场变为脉振磁场,电机不转或停转。

幅值控制的交流伺服电动机的机械特性和调节特性如图 2-11-8 所示。图中的转矩和转速都采用标么值。

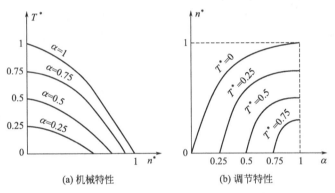

(a) 机械特性　　　　　(b) 调节特性

图 2-11-8 幅值控制的交流伺服电机的特性

(2) 相位控制

这种控制方式通过改变控制电压 $\dot{U}_c$ 与励磁电压 $\dot{U}_f$ 之间的相位差来实现对电机转速和转向的控制,而控制电压的幅值保持不变。

如图 2-11-9 所示,励磁绕组直接接到交流电源上,而控制绕组经移相器接到同一交流电源上,$\dot{U}_c$ 与 $\dot{U}_f$ 的频率相同,而 $\dot{U}_c$ 的相位通过移相器加以改变,从而改变两者之间的相位差 β,$\sin\beta$ 称为相位控制信号系数。

改变 $\dot{U}_c$ 与 $\dot{U}_f$ 相位差 β 的大小,可以改变电机的转速,还可以改变电机的转向。将交流伺服电机的控制电压 $\dot{U}_c$ 的相位改变 180°时(即极性对换),若原来的控制绕组内的电流 $\dot{I}_c$ 超前于励磁电流 $\dot{I}_f$,相位改变 180°后,$\dot{I}_c$ 反而滞后于 $\dot{I}_f$,从而电机气隙磁场的旋转方向与原来相反,交流伺服电机反转。相位控制的机械特性和调节特性与幅值控制相似,也为非线性。

(3) 幅值—相位控制

交流伺服电机的幅值—相位接线图如图 2-11-10 所示。励磁绕组串接电容 C 后再接到交流电源上,控制电压 $\dot{U}_c$ 与电源同相位,但幅值可以调节。当 $\dot{U}_c$ 的幅值改变时,转子绕组的

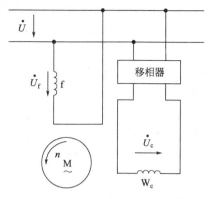

图 2-11-9 相位控制接线图

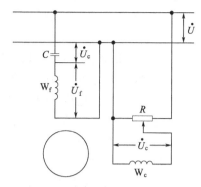

图 2-11-10 幅值—相位控制接线图

耦合作用使励磁绕组的电流 $\dot{I}_f$ 也变化,从而使励磁绕组上的电压 $\dot{U}_f$ 及电容 C 上的电压 u_c 也跟随改变,$\dot{U}_c$ 与 $\dot{U}_f$ 的相位差也随之改变,即改变 $\dot{U}_c$ 的大小,$\dot{U}_c$ 与 $\dot{U}_f$ 的相位差也随之改变,从而改变电机的转速。

幅度—相位控制线路简单,不需要复杂的移相装置,只需用电容进行分相,具有线路简单、成本低廉、输出功率大的优点,因而成为采用最多的控制方式。

第十二节 步进电机的应用分析

步进电机是一种把电脉冲信号转换成角位移输出的电机。用专用的驱动电源向步进电机提供给一系列有一定规律的电脉冲信号,每输入一个电脉冲,步进电机就转过一步距角,而且角位移与脉冲数成正比。步进电机转速与脉冲频率成正比,而且转速和转向与各相绕组的通电方式有关。

根据励磁方式的不同,步进电机可分为反应式、永磁式和混合式三种,其中反应式步进电机应用较多。

一、步进电机工作原理

以反应式步进电机为例,图 2-12-1 所示为一台三相六拍反应式步进电机,定子上有三对磁极,每对磁极上绕有一相控制绕组,转子有四个分布均匀的齿,齿上没有绕组。

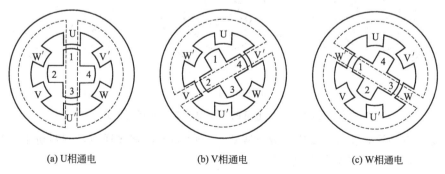

(a) U相通电　　　　　(b) V相通电　　　　　(c) W相通电

图 2-12-1 三相反应式步进电机的工作原理图

1. 三相单三拍运行

在步进电机中，控制绕组每改变一次通电方式，称为一拍，每一拍转过一个步距角，每次只有一个绕组单独通电，控制绕组每换接三次构成一个循环，故这种方式称为三相单三拍。

当 U 相控制绕组通电，而 V 相和 W 相不通电时，步进电机的气隙磁场与 U 相绕组轴线重合，而磁力线总是力图从磁阻最小的路径通过，故电机转子受到一个电磁转矩，在步进电机中称之为静转矩，在此转矩的作用下，转子的齿 1 和齿 3 旋转到与 U 相绕组轴线相同的位置上，如图 2-12-1（a）所示，此时整个磁路的磁阻最小，此时转子只受到径向力的作用而转矩为零。如果 V 相通电，U 相和 W 相断电，那转子受转矩作用而转动，使转子齿 2 齿 4 与定子极 V、V'对齐，如图 2-12-1（b）所示，此时，转子在空间上逆时针转过的角度为 30°，即前进了一步，这个角叫做步距角。同样的，如果 W 相通电，U 相 V 相断电，转子又逆时针转动一个步距角，使转子的齿 1 和齿 3 与定子极 W、W'对齐，如图 2-12-1（c）所示。如此按 U→V→W→U 顺序不断地接通和断开控制绕组，电机便按一定的方向一步一步地转动，若按 U→W→V→U 顺序通电，则电机反向一步一步转动。

2. 三相单双六拍运行

若按 U→UV→V→VW→W→WU→U 顺序通电，每次循环需换接 6 次，故称为三相六拍，又因单相通电和两相通电轮流进行，故又称为三相单双六拍。三相单双六拍运行时步距角与三相单三拍不一样。当 U 相通电时，转子齿 1、3 和定子磁极 U、U'对齐，与三相单三拍一样，如图 2-12-2（a）所示。当控制绕组 U 相 V 相同时通电时，转子齿 2、4 受到电磁转矩而沿逆时针方向转动，转子逆时针转动后，转子齿 1、3 与定子磁极 U、U'轴线不再重合，从而转子齿 1、3 也受到一个顺时针的电磁转矩，当这两个方向相反的转矩大小相等时，电机转子停止转动，如图 2-12-2（b）所示。当 U 相控制绕组断电而只有 V 相控制绕组通电时，转子又转过一个角度，使转子齿 2、4 和定子磁极 V、V'对齐，如图 2-12-2（c）所示，即三相单双六拍运行方式两拍转过的角度刚好与三相单三拍运行方式一拍转过的角度一样，也就是说三相单双六拍运行方式的步距角是三相单三拍方式的一半，即为 15°。接下来的通电顺序为 VW→W→WU→U，那么运行规律及步距角与前半段 U→UV→V 一样，即通电方式每变换一次，转子继续沿逆时针方向转过一个步距角。

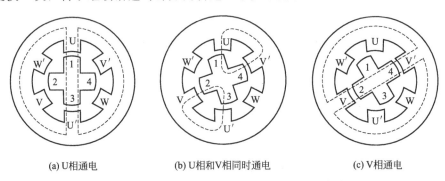

(a) U相通电　　　　(b) U相和V相同时通电　　　　(c) V相通电

图 2-12-2　步进电机的三相单、双六拍运行方式

若改变通电顺序，按 U→UW→W→WV→V→VU→U 顺序通电，则步进电机就沿顺时针方向一步一步转动，步距角也是 15°。

3. 三相双三拍运行

步进电机若按 UV→VW→WU→UV 顺序通电，即每次均有两个控制绕组通电，这种方式称为三相双三拍方式，实际就是三相六拍运行方式去掉单相绕组单独通电的状态的运行方式。转子齿与定子磁极的相对位置与图 2-12-2（b）中所示位置类似。按三相双三拍方式运行时，其步距角与三相单三拍一样，都是 30°。

4. 通电方式

对同一台反应式步进电机，其通电方式不同，步距角可能不一样，但无论哪种通电方式，其步距角只有 30°和 15°两种。采用单双拍通电方式，其步距角是单拍或双拍的一半；采用双极通电方式的稳定性比单极通电方式要好。

二、步进电机运行精度

上述结构的步进电机在实际运行中步距角太大，无法满足生产中对精度的要求，所以需加以改进以提高步进电机的运行精度。

1. 改进方式

采用增多转子齿数、并在定子磁极上带有小齿的结构，转子齿距与定子齿距相同，转子齿数可根据步距角的要求确定。每个定子磁极下的转子齿数不能为整数，而应相差 $1/m$ 个转子齿距，每个定子磁极下的转子齿数 Z_r 应满足：

$$\frac{Z_r}{2mp}=k\pm\frac{1}{m}$$

式中，m 为相数，$2p$ 为一相绕组通电时在气隙圆周上形成的磁极数，k 为正整数。那么转子总的齿数为

$$Z_r=2mp\left(k\pm\frac{1}{m}\right)$$

电机的每一次通电循环（N 拍），转子转过一个齿距，用机械角度 θ 表示则为

$$\theta=\frac{360°}{Z_r}$$

那么每一拍转过的机械角即步距角：

$$\theta_s=\frac{360°}{Z_r N}$$

从而步进电机转速为

$$n=\frac{60f\theta_s}{360°}=\frac{60f}{Z_r N}$$

因此，要想提高步进电机的精度，可增加转子的齿数，在增加齿数的同时还要满足关系式 $Z_r=2mp\left(k\pm\frac{1}{m}\right)$。

2. 高精度步进电机

图 2-12-3 所示是一种步距角较小的反应式步进电机的典型结构。其转子上均匀分布着 40 个齿，定子上有三对磁极，每对磁极上绕有一组绕组，U、V、W 三相绕组接成星形。定子的每个磁极上都有 5 个齿，而且定子齿距与转子齿距相同，若作三相单三拍运行，则 $N=m=3$，那么每个转子齿距所占的空间角为

$$\theta_1=\frac{360°}{Z_r}=9°$$

每一定子极距所占的空间角为

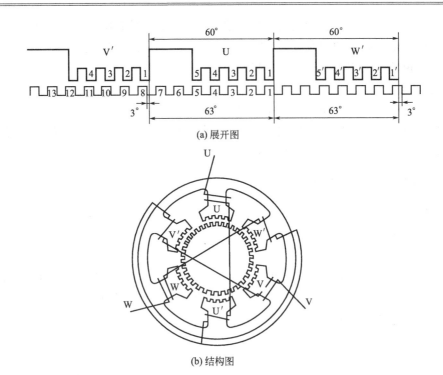

图 2-12-3 三相反应式步进电机

$$\theta_2 = \frac{360°}{2mp} = \frac{360°}{2\times 3\times 1} = 60°$$

每一定子极距所占的齿数为

$$\frac{Z_r}{2mp} = \frac{40}{2\times 3\times 1} = 6\frac{2}{3} = 7 - \frac{1}{3}$$

其步距角为

$$\theta_s = \frac{360°}{Z_r \cdot N} = \frac{360°}{40\times 3} = 3°$$

若步进电机作三相六拍方式运行,则步距角为

$$\theta_s = \frac{360°}{Z_r \cdot N} = \frac{360°}{40\times 6} = 1.5°$$

三、步进电机运行特性

1. 静态运行状态

步进电机不改变通电情况的运行状态称为静态运行状态。电机定子齿与转子齿中心线之间的夹角 θ 叫失调角。步进电机静态运行时转子受到的反应转矩 T 叫做静转矩,通常以使 θ 角增加的方向为正。步进电机的静转矩与失调角之间的关系 $T=f(\theta)$ 叫做矩角特性。

每当步进电机的控制绕组通电状态变化一个循环周期,转子正好转过一齿,故转子一个齿对应的电角度为 2π。在步进电机某一相控制绕组通电时,如果该相磁极下的定子齿与转子齿对齐,那么失调角 $\theta=0$,静转矩 $T=0$,如图 2-12-4(a)所示;如果定子齿与转子齿未对齐,即 $0<\theta<\pi$,则出现切向磁力,其作用是使转子齿与定子齿尽量对齐,即失调角 θ 减小,故为负值,如图 2-12-4(b)所示;如果为空载,那么反应转矩作用的结果是使转子

齿与定子齿完全对齐；如果某相控制绕组通电时转子齿与定子齿刚好错开，即 $\theta=\pi$，转子齿左右两个方向所受的磁拉力相等，步进电机所产生的转矩为 0，如图 2-12-4（c）所示。步进电机的静转矩 T 随失调角 θ 呈周期性变化，周期大小等于转子的齿距角，也就是 2π 电角度。

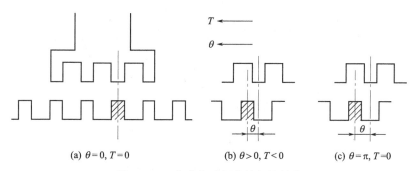

(a) $\theta=0, T=0$　　(b) $\theta>0, T<0$　　(c) $\theta=\pi, T=0$

图 2-12-4　步进电动机的转矩和转角

反应式步进电机的静转矩 T 与失调角 θ 的关系近似为

$$T=-C\sin\theta$$

式中，C 为常数，与控制绕组、控制电流、磁阻等有关。

步进电机某相绕组通电时，在静转矩的作用下，转子必然有一个稳定平衡位置，如果步进电机为空载，即 $T_L=0$，那么转子在失调角 $\theta=0$ 处稳定，即在通电相绕组处定子齿与转子齿对齐的位置稳定。在静态运行情况下，如有外力使转子齿偏离定子齿，则在外力消除后，转子在静转矩的作用下仍能回到原来的稳定平衡位置。当 $\theta=\pm\pi$ 时，转子齿左右两边所受的磁拉力相等而相互抵消，静转矩 $T=0$，但只要转子向左或向右稍有一点偏离，转子所受的左右两个方向的磁拉力就不再相等而失去平衡，故 $\theta=\pm\pi$ 是不稳定平衡点。在两个不稳定平衡点之间的区域为静稳定区。步进电机矩角特性如图 2-12-5 所示。矩角特性上静转矩的最大值 T_{sm} 称为最大静转矩。

2. 步进运行状态

当接入控制绕组的脉冲频率较低，电机转子完成一步之后，下一个脉冲才到来，电机呈现出一转一停的状态，称之为步进运行状态。

(1) 空载运行

当空载时，即负载 $T_L=0$ 时，步进电机的运行状态如图 2-12-6 所示，图中通电顺序为 U→V→W→U。当 U

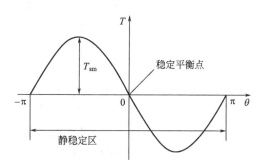

图 2-12-5　步进电机的矩角特性

相通电时，在静转矩的作用下转子稳定在 U 相的稳定平衡点 a 处，显然失调角 $\theta=0$，静转矩 $T=0$。当 U 相断电，V 相通电时，V 相落后 U 相步距角 $\theta_s=\dfrac{2}{3}\pi$，转子处在 V 相的静稳定区内，即 b_1 点处，此处 $T>0$，转子继续转动，然后停在稳定平衡点 b 处，此处 T 又为 0。同理，当 W 相通电时，又由 b 转到 c_1 点，然后停在平衡点 c 处。接下来 U 相通电，又由 c 转到 a'_1 并停在 a' 处。一个循环过程即为 $a\to b_1\to b\to c_1\to c\to a'_1\to a'$。U 相通电时，$-\pi<\theta<\pi$ 区为静稳定区；当 U 相绕组断电，V 相绕组通电时，新的稳定平衡点为 b，对应

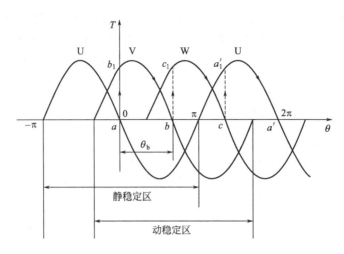

图 2-12-6 步进电机空载运行状态

的静稳定区为 $-\pi+\theta_b<\theta<\pi+\theta_b$（图中 $\theta_b=\dfrac{2}{3}\pi$），在换接的瞬间，转子的位置只要停留在此区域内，就能趋向新的稳定平衡点 b，所以区域 $(-\pi+\theta_b, \pi+\theta_b)$ 称为动稳定区。显而易见，相数或极数越多，步距角越小，动稳定区愈接近静稳定区，即静、动稳定区重叠愈多，步进电机的稳定性愈好。

（2）负载运行

当步进电机带上负载运行时情况有所不同。带上负载 T_L 后，转子每走一步后不再停留在稳定平衡点，而是停留在静转矩 T 等于负载转矩的点上，如图 2-12-7 中 a_1、b_1、c_1、a'_1 处，此时 $T=T_L$，转子停止不动。分析如下：U 相通电，转子转到 a_1 时，电机静转矩 T 等于负载转矩，两转矩平衡，转子停止转动；U 相断电 V 相通电，在改变通电状态的瞬间，因为惯性转子位置来不及变化，于是转到 b_2 点，由于 b_2 点的静转矩 $T>T_L$，故转子继续转到 b_1 点，在 b_1 点处 $T=T_L$，转子停转。接下来 W 相通电的运转情况类似。一个循环的过程为

$$a_1 \to b_2 \to b_1 \to c_2 \to c_1 \to a'_2 \to a'_1$$

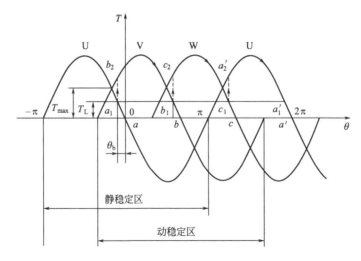

图 2-12-7 步进电机负载运行状态

如果负载较大，转子还未转到 U、V 两相曲线的交点就有 $T=T_L$，转子停转，当 U 相

断电 V 相通电时，$T<T_L$，电机不能作步进运动。显然，步进电机能够带负载作步进运行的最大转矩 T_{max} 即是两相矩角特性曲线交点处的电机静转矩。若增加相数或拍数，那么静、动稳定区重叠增加，两相曲线交点位置升高，最大电机静转矩增加。

3. 连续运转状态

当脉冲频率 f 较高时，电机转子还未停止而下一个脉冲已经到来，步进电机已经不是一步一步地转动，而是呈连续运转状态。随着脉冲频率升高，电机转速增加，步进电机所能带动的负载转矩将减小。这是因为频率升高时，脉冲间隔时间小，由于定子绕组电感有延缓电流变化的作用，控制绕组的电流来不及上升到稳态值。频率越高，电流上升的值也就越小，因而电机的电磁转矩也越小。另外，随着频率的提高，步进电机铁芯中的涡流增加很快，这也使电机的输出转矩下降。总之，步进电机的输出转矩随着脉冲频率的升高而减小。步进电机的平均转矩与驱动电源脉冲频率的关系叫做矩频特性，如图 2-12-8 所示。

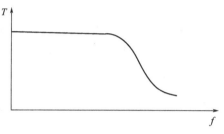

图 2-12-8 步进电机的矩频特性

四、驱动电源

步进电动机的控制绕组中需要一系列的有一定规律的电脉冲信号，从而使电机按照生产要求运行，这个产生一系列有一定规律的电脉冲信号的电源称为驱动电源。

步进电动机的驱动电源主要包括变频信号源、脉冲分配器和脉冲放大器三个部分，其方框图如图 2-12-9 所示。

图 2-12-9 步进电机驱动电源框图

五、步进电机的应用

步进电机是用脉冲信号控制的，步距角和转速大小不受电压波动和负载变化的影响，也不受各种环境条件诸如温度、压力、振动、冲击等影响，而仅仅与脉冲频率成正比，通过改变脉冲频率的高低可以大范围地调节电机的转速，并能实现快速启动、制动、反转，而且有自锁的能力，不需要机械制动装置，不经减速器也可获得低速运行。它每转过一周的步数是固定的，只要不丢步，角位移误差不存在长期积累的情况，精度高，运行可靠，如采用位置检测和速度反馈装置，可实现闭环控制。

步进电机已广泛地应用于数字控制系统中，如数模转换装置、数控机床、计算机外围设备、自动记录仪等，另外在工业自动化生产线、印刷设备中亦有应用。

第十三节 测速发电机的应用分析

测速发电机是一种测量转速的微型发电机，它把输入的机械转速变换为电压信号输出，并且输出的电压信号与转速成正比，即

$$U_Z = Cn$$

测速发电机分直流测速发电机和交流测速发电机两大类。

一、直流测速发电机

1. 工作原理

直流测速发电机实际就是一种微型直流发电机，按定子磁极的励磁方式分为电磁式和永磁式。

直流测速发电机的工作原理与一般直流发电机相同，如图 2-13-1 所示。在恒定磁场 Φ_0 中，外部的机械转轴带动电枢以转速 n 旋转，电枢绕组切割磁场，从而在电刷间产生感应电动势 E_0：

$$E_0 = C_e \Phi_0 n$$

空载时，直流测速发电机的输出电压就是电枢感应电动势，即 $U_0 = E_0$，显然输出电压 U_0 与 n 成正比。

带负载时，若电枢电阻为 R_a，负载电阻为 R_L，不计电刷与换向器间的接触电阻，则直流测速发电机的输出电压为

$$U = E_0 - I R_a = E_0 - \frac{U}{R_L} R_a$$

整理后得

$$U = \frac{C_e \Phi_0}{1 + \frac{R_a}{R_L}} n = Cn, \quad C = \frac{C_e \Phi_0}{1 + \frac{R_a}{R_L}}$$

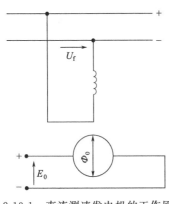

图 2-13-1 直流测速发电机的工作原理

式中，C 为直流测速发电机输出特性曲线的斜率。当 Φ_0、R_a 及 R_L 都不变时，输出电压 U 与转速 n 成线性关系。对于不同的负载电阻 R_L，输出特性曲线的斜率 C 不同，负载电阻越小，斜率 C 也越小，如图 2-13-2 所示。

2. 误差分析

直流测速发电机的输出电压与转速要严格保持正比关系在实际中是难以做到的，实际的输出特性如图 2-13-2 中的实线所示，造成这种非线性误差的原因主要有以下三个方面。

（1）电枢反应

直流测速发电机带负载时，电枢电流会产生电枢反应，电枢反应的去磁作用使气隙磁通 Φ_0 减小，根据输出电压与转速的关系式

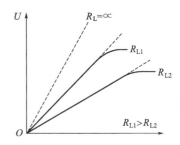

图 2-13-2 直流测速发电机输出特性

$$U = \frac{C_e \Phi_0}{1 + \frac{R_a}{R_L}} n$$

可知，当 Φ_0 减小时，输出电压减小，从输出特性看，斜率 C 减小，而且电枢电流越大，电枢反应的去磁作用越显著，输出特性斜率 C 减小越明显，输出特性直线变为曲线。

（2）温度的影响

直流测速发电机长时间运行时，其励磁绕组会发热，其绕组阻值随温度的升高而增大，励磁电流因此而减小，从而引起气隙磁通 Φ_0 减小，输出电压减小，特性斜率 C 减小。温度

升得越高,斜率 C 减小越明显,使特性向下弯曲。

为了减小温度变化带来的非线性误差,通常把直流测速发电机的磁路设计为饱和状态,在磁路饱和时 I_f 变化引起的磁通变化要比磁路非饱和时小得多,如图 2-13-3 所示,从而减小非线性误差。

另外,可在励磁回路中串接一个阻值较大而温度系数较小的锰铜或康铜电阻,以减小由于温度的变化而引起的电阻变化,从而减小因温度变化而产生的线性误差。

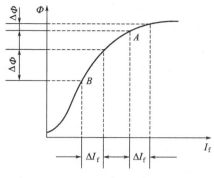

图 2-13-3 磁化曲线

(3) 接触电阻

如果电枢电路总电阻包括电刷与换向器的接触电阻 R_1,那么输出电压为

$$U = \frac{C_e \Phi_0}{1 + \frac{R_a + R_1}{R_L}} n$$

接触电阻 R_1 总是随负载电流变化而变化,当输入的转速较低时,接触电阻较大,使本来就不大的输出电压变得更小,造成的线性误差很大;当电流较大时,接触电阻较小,而且基本上趋于稳定数值,线性误差相对小得多。

另外,直流测速发电机输出的是一个脉动电压,其交变分量对速度反馈控制系统、高精度的解算装置有较明显的影响。

二、交流测速发电机

交流测速发电机分为同步测速发电机和异步测速发电机。

1. 异步测速发电机

(1) 工作原理

交流异步测速发电机与交流伺服电机的结构相似,其转子结构有笼型的,也有杯型的,在自动控制系统中多用空心杯转子异步测速发电机。

空心杯转子异步测速发电机定子上有两个相差 90°电角度的绕组,一个为励磁绕组,另一个为输出绕组,如图 2-13-4 所示。

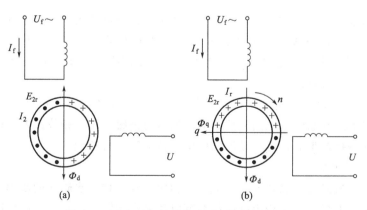

图 2-13-4 空心杯转子异步测速发电机原理图

定子励磁绕组外接频率为 f 的恒压交流电源 U_f，励磁绕组中有电流 I_f 流过，在直轴（即 d 轴）上产生以频率 f 脉振的磁通 Φ_d。

在转子不动时，脉振磁通 Φ_d 在空心杯转子中感应出变压器电势（空心杯转子可以看成有无数根导条的笼式转子，相当于变压器短路时的二次绕组，而励磁绕组相当于变压器的一次绕组），产生与励磁电源同频率的脉振磁场，与处于 q 轴的输出绕组无磁通交链。在转子转动时，转子切割直轴磁通 Φ_d，在杯型转子中感应出旋转电势 E_r，其大小正比于转子转速 n，并以频率 f 交变，又因空心杯转子相当于短路绕组，故旋转电势 E_r 在杯型转子中产生交流短路电流 I_r，其大小正比于 E_r，其频率为 f，若忽视杯型转子的漏抗的影响，那么电流 I_r 所产生的脉振磁通的大小正比于 E_r，在空间位置上与输出绕组的轴线（q 轴）一致，因此转子脉振磁场 Φ_d 与输出绕组相交链而产生感应电势 E。输出绕组感应产生的电势 E 实际就是交流异步测速发电机输出的空载电压 U，其大小正比于转速 n，其频率为励磁电源的频率 f。

(2) 误差分析

交流异步测速发电机的误差主要有三种：非线性误差、剩余电压和相位误差。

① 非线性误差　只有严格保持直轴磁通 Φ_d 不变，交流异步测速发电机的输出电压才能与转子转速成正比，但在实际中直轴磁通 Φ_d 是变化的，原因主要有两个方面：一方面，转子旋转时产生 q 轴脉振磁场 Φ_q，杯型转子也同时切割该磁场，从而产生 d 轴磁势并使 d 轴磁通产生变化；另一方面，杯型转子的漏抗产生的是直轴磁势，也使直轴磁通产生变化。这两个方面的因素引起直轴磁通变化的结果是测速发电机产生线性误差。为了减小转子漏抗造成的线性误差，异步测速发电机都采用非磁性空心杯转子，常用电阻率大的磷青铜制成，以增大转子电阻，从而可以忽略转子漏抗，同时使杯型转子转动时切割交轴磁通 Φ_q 而产生的直轴磁势明显减弱。另外，提高励磁电源频率，也就是提高电机的同步转速，也可提高线性度，减小线性误差。

② 剩余电压　当转子静止时，交流测速发电机的输出电压应当为零，但实际上还会有一个很小的电压输出，此电压称为剩余电压。剩余电压虽然不大，但却使控制系统的准确度大为降低，影响系统的正常运行，甚至会产生误动作。产生剩余电压的原因很多，最主要的是制造工艺不佳，如定子两相绕组并不完全垂直，从而使两输出绕组与励磁绕组之间存在耦合作用。气隙不均、磁路不对称、空心杯转子的壁厚不均以及制造杯型转子的材料不均等等都会造成剩余误差。

要减小剩余电压，根本方法无疑是提高制造精度；也可采用一些措施进行补偿，阻容电桥补偿法是常用的补偿方法，如图 2-13-5 所示。调节电阻 R_1 的大小以改变附加电压的大小，调节电阻 R 的大小以改变附加电压的相位，从而使附加电压与剩余电压相位相反，大小近似相等，补偿效果良好。

③ 相位误差　在自动控制系统中，不仅要求异步测速发电机输出电压与转速成正比，而且还要求输出电压与励磁电压同相位。输出电压与励磁电压的相位误差是由励磁绕组的漏抗、杯型转子的漏抗产生的，可在励磁回路中串接电容进行补偿。

2. 同步测速发电机

同步测速发电机又分为永磁式、感应子式和脉冲式三种。永磁式同步测速发电机实际就是永磁转子同步发电机，定子绕组感应的交变电势基本与转速成正比。而感应子式和脉冲式同步测速发电机工作原理是一致的：转子转动时，定子、转子齿槽位置相对变化，从而产生

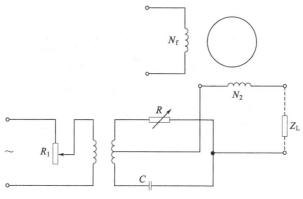

图 2-13-5　阻容电桥补偿法

脉动的磁场与输出绕组交链,从而产生感应电动势。

同步测速发电机输出的三相电压经桥式整流、滤波后变换为直流输出电压,作为自动控制系统中的速度反馈信号,相当于一台性能良好的直流测速发电机。

3. 测速发电机的应用

测速发电机的作用是将机械速度转换为电气信号,常用作测速元件、校正元件、解算元件。与伺服电机配合,可广泛应用于速度控制或位置控制系统中,如在稳速控制系统中,测速发电机将速度信号转换为电压信号,作为速度反馈信号,可达到较高的稳定性和较高的精度。在计算解答装置中,常作为微分、积分元件。

第十四节　自整角机的应用分析

自整角机属于自控系统中的测位用微特电机,广泛应用于随动系统中,能对角位移或角速度的偏差进行自动地整步,自整角机通常是成对或两台以上组合使用,产生信号的自整角机称为发送机,它将轴的转角变换为电信号;接收信号的自整角机称为接收机,它将发送机发送的电信号变换为转轴的转角,从而实现角度的传输、变换。

在随动系统中,主令轴只有一根,而从动轴可以是一根,也可以是多根,主令轴安装发送机,从动轴安装接收机,故而一台发送机可带一台或多台接收机。主令轴与从动轴之间的角位差称为失调角。

一、自整角机的基本结构

自整角机的基本结构如图 2-14-1 所示,通常做成两极电机。自整角机的定子铁芯嵌有三相对称分布绕组,称为整步绕组,也叫同步绕组,采用星形接法。转子上放置单相励磁绕组,可以做成凸极结构,如图 2-14-2(a)所示,也可做成隐极结构,如图 2-14-2(c)所示,这两种方式都是励磁绕组经集电环和电刷后接励磁电源。

另外,也可把定子做成凸极式,转子做成隐极式,如图 2-14-2(b)所示,三相整步绕组嵌入转子铁芯槽内,并经集电环和电刷引出,而单相励磁绕组安装在定子凸极上。

自整角机按自整角输出量可分为力矩式自整角机和控制式自整角机两种。当失调角产生时,力矩自整角接收机输出与失调角成正弦关系的转矩,直接带动接收机轴上的机械负载,直至消除失调角。但力矩式自整角机力矩不大,如果机械负载较大,则应采用控制式自整角

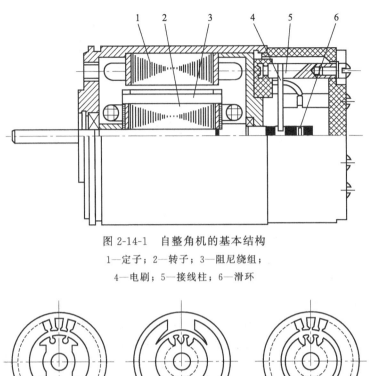

图 2-14-1 自整角机的基本结构
1—定子；2—转子；3—阻尼绕组；
4—电刷；5—接线柱；6—滑环

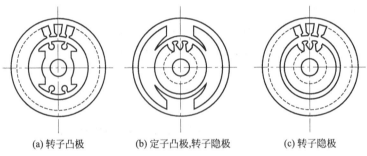

(a) 转子凸极　　(b) 定子凸极,转子隐极　　(c) 转子隐极

图 2-14-2 自整角机定子、转子

机。控制式自整角机把失调角转换为与之成正弦关系的电压输出，经过电压放大器放大后送到交流伺服电机的控制绕组中，使伺服电机转动，再经齿轮减速后带动机械负载转动，直到消除失调角。

二、控制式自整角机

控制式自整角机的工作原理如图 2-14-3 所示，左边的是自整角发送机，右边的是自整角接收机，自整角发送机的励磁绕组接单相交流电源，其三相整步绕组与自整角接收机的整步绕组一一对应相接。自整角接收机工作在变压器状态，故又称为自整角变压器，其输出绕组接交流伺服电机的控制绕组。当自整角发送机的转子转角 θ_1 等于自整角变压器的转子转角 θ_2 时，失调角 $\theta=\theta_1-\theta_2=0$，自整角机此时的位置叫协调位置。

1. 三相整步绕组的电势和电流

当发送机转子上的励磁绕组接入单相交流电源时，产生的是正弦分布的脉振磁场，与发送机三相整步绕组相交链而感应产生电动势。如果发送机三相整步绕组的某相与励磁绕组的轴线重合，那么此时该相的感应电动势有效值为

$$E = 4.44 f N k_N \Phi_m$$

式中　f——励磁电源的频率（即主磁通的脉振频率）；

　　　N——整步绕组每一相的线圈匝数；

k_N——整步绕组的基波绕组系数；

Φ_m——自整角机主磁通的幅值。

如果发送机转子的位置角为 θ_1，如图 2-14-3 所示，那么由发送机励磁绕组产生的主磁场在其各相整步绕组中感应的电势的有效值分别为

$$E_{1a}=E\cos\theta_1$$
$$E_{1b}=E\cos(\theta_1-120°)$$
$$E_{1c}=E\cos(\theta_1-240°)$$

设自整角发送机的每相整步绕组的阻抗为 Z_1，自整角变压器每相整步绕组的阻抗为 Z_2，为了便于分析，把两台自整角机的三相整步

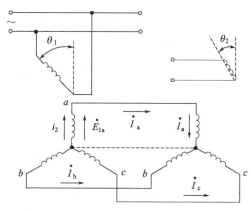

图 2-14-3　控制式自整角机工作原理图

绕组的中心点连接起来，那么三相整步绕组的回路电流分别为

$$I_a=\frac{E_{1a}}{Z_1+Z_2}=\frac{E}{Z_1+Z_2}\cos\theta_1=I\cos\theta_1$$

$$I_b=\frac{E_{1b}}{Z_1+Z_2}=\frac{E}{Z_1+Z_2}\cos(\theta_1-120°)=I\cos(\theta_1-120°)$$

$$I_c=\frac{E_{1c}}{Z_1+Z_2}=\frac{E}{Z_1+Z_2}\cos(\theta_1-240°)=I\cos(\theta_1-240°)$$

式中，I 为发送机转子转角 $\theta=0°$ 时与励磁绕组轴线重合的整步绕组中的电流（此时电流最大）。三相整步绕组中心点连线中的电流为

$$I_0=I_a+I_b+I_c=I\cos\theta_1+I\cos(\theta_1-120°)+I\cos(\theta_1-240°)=0$$

连线中并没有电流，实际线路中并不需要连接。

2. 三相整步绕组磁势

由于三相整步绕组的电势都是由同一脉振磁通感应产生，又因控制式自整角发送机和自整角变压器的每相整步绕组回路的阻抗都相同，因而整步绕组的每一相绕组回路的电流是同频同相位的，那么其合成磁势为空间脉振磁势。

自整角发送机每相磁势幅值为

$$F_{1a}=\frac{4}{\pi}\sqrt{2}I_aNk_N=\frac{4}{\pi}\sqrt{2}INk_N\cos\theta_1=F_m\cos\theta_1$$

$$F_{1b}=\frac{4}{\pi}\sqrt{2}I_bNk_N=\frac{4}{\pi}\sqrt{2}INk_N\cos(\theta_1-120°)=F_m\cos(\theta_1-120°)$$

$$F_{1c}=\frac{4}{\pi}\sqrt{2}I_cNk_N=\frac{4}{\pi}\sqrt{2}INk_N\cos(\theta_1-240°)=F_m\cos(\theta_1-240°)$$

式中，$F_m=\frac{4}{\pi}\sqrt{2}INk_N$ 为 $\theta_1=0°$ 时的磁势幅值，即最大值。

为了分析方便，通常把整步绕组中三个空间脉振磁势分解为直轴分量和交轴分量，励磁绕组为直轴，也称 d 轴，交轴与直轴在空间相差 90°，称为 q 轴。

那么控制式自整角发送机三相绕组的直轴分量磁势为

$$F_{1d}=F_{1a}\cos\theta_1+F_{1b}\cos(\theta_1-120°)+F_{1c}\cos(\theta_1-240°)$$
$$=F_m\cos^2\theta_1+F_m\cos^2(\theta_1-120°)+F_m\cos^2(\theta_1-240°)$$

$$= \frac{3}{2} F_m$$

交轴分量的磁通势为

$$F_{1q} = F_{1a}\sin\theta_1 + F_{1b}\sin(\theta_1 - 120°) + F_{1c}\sin(\theta_1 - 240°)$$
$$= F_m\cos\theta_1\sin\theta_1 + F_m\cos(\theta_1 - 120°)\sin(\theta_1 - 120°) + F_m\cos(\theta_1 - 240°)\sin(\theta_1 - 240°) = 0$$

上述公式表明,控制式自整角发送机的三相绕组合成磁势没有交轴分量,只有直轴分量,即合成磁势是一个直轴磁势,与励磁绕组同轴,与 θ_1 无关。

自整角变压器的三相绕组电流就是发送机绕组电流,只不过对发送机而言,电流是"流出"的,对于接收机(自整角变压器)而言,电流是"流入"的,如图 2-14-4 所示,因而在接收机整步绕组中产生的磁通势 F'_1 与 F_1 大小相等,方向相反,也与 θ_1 无关。

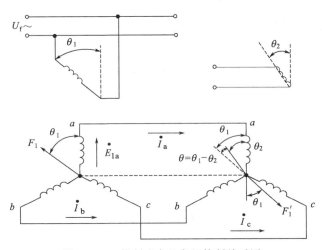

图 2-14-4 控制式自整角机控制关系图

3. 自整角变压器的输出电势

如果自整角变压器的转子转角 θ_2 等于自整角发送机的转子转角 θ_1,则自整角变压器三相绕组合成磁势所产生的磁场与转子输出绕组同轴线,那么在转子输出绕组中感应电动势 E_m 的值最大;如果 $\theta_2 \neq \theta_1$,自整角变压器定子合成磁势与转子输出绕组轴线夹角为 $\theta = \theta_1 - \theta_2$,如图 2-14-4 所示,此时转子输出绕组感生的电动势为

$$E_2 = E_m\cos(\theta_1 - \theta_2) = E_m\cos\theta$$

由上式知,自整角变压器输出电压(电势)为失调角 θ 的余弦函数,在实际控制系统中会带来以下两个方面的问题。

(1) 协调位置

一般希望当随动系统处于协调位置(即失调角 $\theta = 0°$)时,自整角变压器的输出电压为 0,当 $\theta \neq 0°$ 时才有电压信号输出,送到交流伺服电机中,使伺服电机旋转以清除 θ,但实际情况是在失调角为 0 时,自整角变压器输出电压反而最大,θ 增大,输出电压反而减小,与真正需要的相反。

(2) 失调角

失调角是有方向的,用正负符号表明方向,但系统中不管 θ 为正还是为负,其输出的电压都是正的,因为

$$E\cos(-\theta)=E\cos\theta$$

在实际使用的系统中,以自整角发送机的某相定子绕组轴线作直轴,其转子绕组以直轴作为起始位置,而把自整角变压器转子输出绕组放在交轴上。一般把自整角变压器的转子由原来的协调位置($\theta=0°$)处旋转90°作为起始位置,那么输出绕组感应电势为

$$E_2=E_m\cos(\theta-90°)=E_m\sin\theta$$

空载时,输出电压 $U_2=E_2$;带负载时,输出电压下降。若选择输入阻抗大的放大器作为负载,则自整角变压器输出电压下降不大。

自整角变压器的输出电压 U_2 随失调角 θ 变化的曲线如图 2-14-5 所示。

当 $\theta=1°$ 时输出的电压值叫比电压 U_0,比电压越大,控制系统越灵敏。

三、力矩式自整角机

在随动系统中,不需放大器和伺服电机的配合,两台力矩式自整角机就可进行角度传递,因而力矩式自整角机常用以转角指示。

1. 工作原理

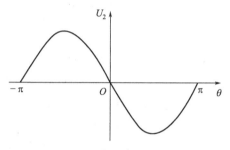

图 2-14-5 输出电压变化曲线

如图 2-14-6 所示,两台自整角机是相同的,左边的一台作发送机,右边的一台作接收机,两台自整角机的励磁绕组接到同一单相交流电源上,三相整步绕组对应相接。假设三相整步绕组产生的磁势在空间按正弦规律分布,磁路不饱和,并忽略电枢反应,那么便可用叠加原理分析。设发送机的转子转角为 θ,接收机转子转角为 θ_2,力矩式自整角机工作时电机内磁势可以看成是发送机励磁绕组与接收机励磁绕组分别单独接电源时所产生的磁势的线性叠加。发送机单独励磁、接收机励磁绕组开路的磁势情况与控制式自整角机工作时磁势相同;发送机三相整步绕组产生的合成磁势 F_1 与发送机励磁绕组同轴,与 a 相绕组轴线的夹角为 θ_1,而在接收机中产生的磁势 F'_1 与 F_1 大小相等,但方向相反,也与接收机 a 相绕组轴线成 θ_1 角。

发送机励磁绕组开路、接收机单独励磁的磁势情况与第一种情况类似:接收机三相整步绕组产生的磁势 F_2 与接收机的励磁绕组同轴,与接收机的 a 相绕组轴线成 θ_2 角,而在发送机中产生的磁势 F'_2 与 F_2 大小相等方向相反,也与发送机的 a 相绕组轴线成 θ_2 角。

综合上述两种情况,每台力矩式自整角机都存在三个磁势,如图 2-14-6 所示。两台相同的力矩式自整机的励磁绕组接到同一交流电源上,产生的主磁通是一致的,即 $F_1=F_2$。力矩式自整角机的转矩是定子磁势与转子磁势相互作用而产生的。

2. 自整角机直、交轴磁势产生的力矩

为分析自整角机的力矩,先看直

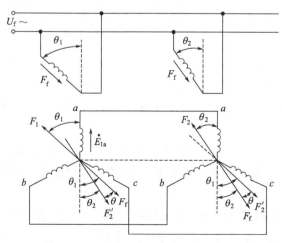

图 2-14-6 力矩式自整角机工作原理图

轴、交轴磁势是如何产生转矩的。图 2-14-7（a）所示为直轴 d 与交轴 q 的方向相互垂直。图 2-14-7（b）中，直轴磁通（磁势）下通电线圈产生的也是直轴磁势，此时线圈受到的电磁力为 F，显然不会产生转矩。图 2-14-7（c）所示是产生交轴磁势的线圈，在交轴磁通（磁势）下不会产生转矩。

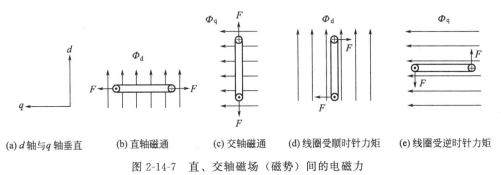

(a) d 轴与 q 轴垂直　　(b) 直轴磁通　　(c) 交轴磁通　　(d) 线圈受顺时针力矩　　(e) 线圈受逆时针力矩

图 2-14-7　直、交轴磁场（磁势）间的电磁力

如图 2-14-7（d）所示，在直轴磁通（磁势）下，通电线圈产生的是交轴磁势，线圈两边受力方向相反，使线圈产生顺时针力矩，最终使线圈停于水平位置，两磁势的轴线重合。图 2-14-7（e）所示是产生直轴磁势的线圈在交轴磁通（磁势）下受到逆时针的转矩。

综上所述，同轴磁势不产生转矩，直轴磁势与交轴磁势能够产生转矩，转矩的方向是使两磁势磁轴线靠拢。

3. 自整角机的力矩及方向

在接收机中，F_2 与励磁磁势 F_f 是同轴磁势，故不会产生力矩；而 F'_1 与 F_1 轴线的夹角即失

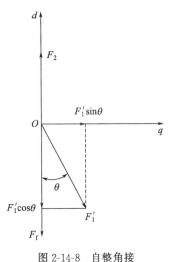

图 2-14-8　自整角接收机磁势分量

调角 $\theta=\theta_1-\theta_2$，不同轴的磁势会产生转矩，若把 F_2 作直轴，那么可把 F'_1 分为直轴分量 $F_1\cos\theta$ 和交轴分量 $F'_1\sin\theta$，如图 2-14-8 所示。直轴分量 $F_1\cos\theta$ 与 F_f 同轴，不产生转矩，交轴分量 $F'_1\sin\theta$ 则与 F_f 产生转矩，此转矩称为整步转矩。若 $\theta=90°$ 时产生的最大整步转矩为 T_m，那接收机所产生的整步转矩可以表达为 $T=T_m\sin\theta$。

失调角越大，自整角接收机产生的整步转矩越大，转矩的方向是使 F_f 和 F'_1 靠拢，即转子往失调角减小的方向旋转。如为空载，最终会消除失调角 θ，此时，两个力矩式自整角机的转子转角相等 $\theta=\theta_1-\theta_2=0$，随动系统处于协调位置。但实际上，由于机械摩擦因的影响，空载时失调角并不为 0，而存在着一个较小的误差 $\Delta\theta$，叫做静态误差，即自整角发送机和接收机转子停止不转时的失调角。

若主动轴在外部力矩作用下连续不断地转动，θ_1 处于连续不断的变化中，那么差值 θ 使自整角接收机产生转矩，使其转子转角 θ_2 不断跟随 θ_1，即接收机跟随发送机旋转，从而使从动轴时刻跟随主动轴旋转。

需要说明的是，如果两台力矩式自整角机完全一样，励磁绕组又接同一个交流电源，那么自整角发送机所产生的转矩 T 与接收机的转矩大小是相等的，转矩的方向也是使 F_f 与 F'_2 靠拢，也就是使转子转动，使失调角减小，但自整角发送机转子转轴为主动轴，自整角

产生的转矩根本不能使主动轴转动。失调角 θ 与静态整步转矩 T 的关系如图 2-14-9 所示,当失调角 $\theta=1°$ 时的静态整步转矩称为比整步转矩,其值愈大,则系统灵敏度愈高。

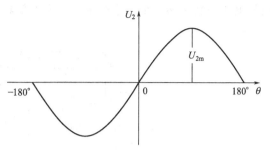

图 2-14-9　静态整步转矩 T 与失调角的关系

四、自整角机的应用

自整角机的应用越来越广泛,常用于位置和角度的远距离指示,如在飞机、舰船中用于角度位置、高度的指示,在雷达系统中用于无线定位等等;同时也常用于远距离控制系统中,如轧钢机轧辊控制和指示系统、核反应堆的控制棒指示系统等等,图 2-14-10 所示是自整角机的一个应用实例图。

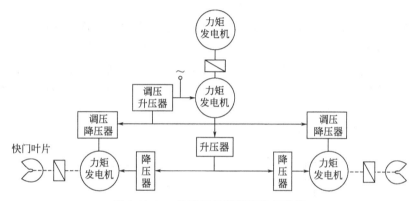

图 2-14-10　快速同步摄像系统示意图

第十五节　旋转变压器

旋转变压器是输出电压与转子转角成一定函数关系的特种电机,其一、二次侧绕组分别放在定子、转子上,一次侧绕组与二次侧绕组之间的电磁耦合程度与转子的转角密切相关。从原理上看,旋转变压器相当于一台可以转动的变压器;从结构上看,旋转变压器相当于一台两相的绕线转子式异步电动机。按照输出电压与转子转角间的函数关系,旋转变压器可以分为正余弦旋转变压器、线性旋转变压器、特种函数旋转变压器等。正余弦旋转变压器的输出电压与转子转角成正余弦函数关系,而线性旋转变压器的输出电压在一定转角范围内与转子转角成正比。由上述可见,旋转变压器能将角度信号转换成与其成某种函数关系的电压信号,其主要用途是进行三角函数计算、坐标变换和角度数据传输等。

一、正余弦旋转变压器

1. 基本结构

正余弦旋转变压器结构与绕线式异步电动机类似,其定子、转子铁芯通常采用高磁导率的铁镍硅钢片冲叠而成,在定子铁芯和转子铁芯上分别冲有均匀分布的槽,里边分别安装有两个在空间上互相垂直的绕组,通常设计为 2 极,转子绕组经电刷和集电环引出。转子绕组输出的电压与转子转角呈正余弦函数关系的旋转变压器叫正余弦旋转变压器，其结构图如图 2-15-1 所示。

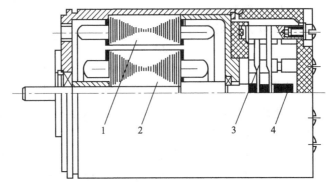

图 2-15-1 正余弦旋转变压器结构图
1—定子；2—转子；3—电刷；4—集电环

图 2-15-2 所示为旋转变压器的绕组结构。旋转变压器的定子铁芯槽中装有两套完全相同的绕组 D_1D_2 和 D_3D_4，在空间上相差 90°。每套绕组的有效匝数为 N_0，其中 D_1D_2 绕组为励磁绕组，也叫直轴绕组；D_3D_4 绕组为补偿绕组，也叫交轴绕组。转子铁芯槽中也装有两套完全相同的绕组 Z_1Z_2 和 Z_3Z_4，在空间上也相差 90°，每套绕组的有效匝数为 N_2。其中 Z_1Z_2 绕组叫余弦输出绕组，Z_3Z_4 绕组叫正弦输出绕组。转子上的输出绕组 Z_1Z_2 的轴线与定子的直轴之间的角度叫做转子的转角。

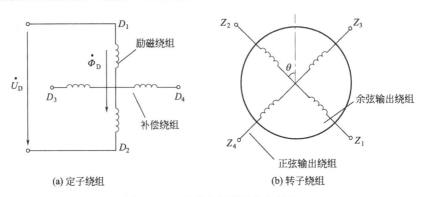

图 2-15-2 旋转变压器的绕组结构

2. 工作原理

通常把交流电源 U_D 接入定子直轴绕组中，那么直轴绕组 D_1D_2 就成为励磁绕组，如果转子上的输出绕组开路，那么此时正余弦旋转变压器空载运行，如图 2-15-3（a）所示。

励磁绕组 D_1D_2 通过交流电流 I_{D12} 在气隙中建立一个正弦分布的脉振磁场 Φ_D，其轴线就是励磁绕组（即直轴绕组）D_1D_2 的轴线，即直轴。而输出绕组 Z_1Z_2 与磁场的轴线（直轴）的夹角为 θ，故气隙磁场 Φ_D 与输出绕组 Z_1Z_2 相交链的磁通 $\Phi_{Z12}=\Phi_D\cos\theta$，而另一输出绕组 Z_3Z_4 的轴线与磁场轴线（直轴）的夹角为 $90°-\theta$，那么气隙磁场 Φ_D 与 Z_3Z_4 相交链的磁通 $\Phi_{Z34}=\Phi_D\cos(90°-\theta)=\Phi_D\sin\theta$，如图 2-15-3（b）所示。

上述分析，气隙磁场 Φ_D 在励磁绕组中所感生的电动势为

$$E_{D12}=4.44fN_D\Phi_D$$

气隙磁通 Φ_D 的两个分量 $\Phi_D\cos\theta$ 和 $\Phi_D\sin\theta$ 分别在输出绕组 Z_1Z_2 和 Z_3Z_4 中的感生电动势为

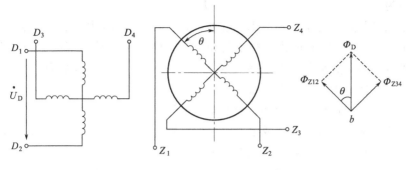

(a) 输出绕组开路　　　　(b) 绕组与直轴的夹角

图 2-15-3　正余弦旋转变压器的空载运行

$$E_{D12}=4.44fN_D\Phi_D\cos\theta$$
$$E_{D34}=4.44fN_D\Phi_D\sin\theta$$

另外输出绕组与励磁绕组的有效匝数比为

$$k=\frac{N_Z}{N_D}$$

因而输出绕组 Z_1Z_2 和 Z_3Z_4 的感应电势为

$$E_{Z12}=kE_{D12}\cos\theta$$
$$E_{Z34}=kE_{D34}\sin\theta$$

如果忽略励磁绕组和输出绕组的漏阻抗，则输出绕组 Z_1Z_2 和 Z_3Z_4 的端电压分别为

$$U_{Z12}=kU_D\cos\theta$$
$$U_{Z34}=kU_D\sin\theta$$

通过调节转子转角 θ 的大小，输出绕组 Z_1Z_2 输出的电压按余弦规律变化，绕组 Z_3Z_4 输出的电压按正弦规律变化。

3．正余弦旋转变压器的负载运行

（1）负载电流的影响

负载电流产生磁势，使气隙磁场产生畸变，从而使输出电压产生畸变，不再是转角的正、余弦函数。如图 2-15-4 所示，输出绕组 Z_1Z_2 接上负载，产生的负载电流建立一个按正弦规律分布的脉振磁势 F_{Z12}，其幅值轴线就是 Z_1Z_2 绕组轴线，F_{Z12} 在直轴和交轴两个方向上分为两个分量：

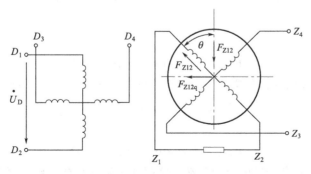

图 2-15-4　正余弦旋转变压器的负载运行

直轴分量为　　　　　　　　　　$F_{Z12}=F_{Z12}\cos\theta$

交轴分量为
$$F_{Z12q}=F_{Z12}\sin\theta$$

直轴分量磁势与励磁绕组的轴线都是直轴,其影响同普通变压器的二次侧负载电流的影响一样,输出绕组 Z_1Z_2 接上负载后产生负载电流,同时也使励磁绕组 D_1D_2 的电流增大,从而保持直轴方向的磁势平衡,以维持气隙磁通 Φ_D 不变。而交轴分量磁势存在的结果是输出电压产生畸变,使输出电压不再按余弦规律变化。

(2) 带负载运行的正余弦旋转变压器的畸变补偿

补偿的方法是从消除或减弱造成电压畸变的交轴分量磁势入手。补偿方法分为正余弦旋转变压器二次侧(转子)补偿和一次侧补偿两种。

① 二次侧(转子)补偿法。如图 2-15-5 所示,余弦输出绕组 Z_1Z_2 接负载,正弦输出绕组作为补偿绕组也接入负载 Z'_L。绕组 Z_1Z_2 与 Z_3Z_4 完全一样,如果接入的负载相等 ($Z_L=Z'_L$),即两绕组回路总电阻 Z_Σ 相等,那么流过余弦绕组 Z_1Z_2 的电流为

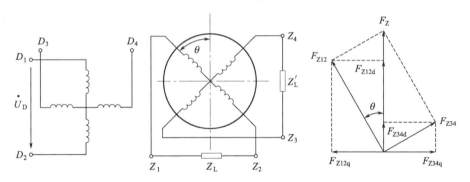

(a) 正余弦旋转变压器接线图   (b) 磁势相量图

图 2-15-5 二次侧补偿的正余弦旋转变压器

$$I_{Z12}=\frac{E_{Z12}}{Z_\Sigma}=\frac{kE_{D12}\cos\theta}{Z_\Sigma}=I_Z\cos\theta$$

流过正余弦绕组 Z_3Z_4 的电流为

$$I_{Z34}=\frac{E_{Z34}}{Z_\Sigma}=\frac{kE_{D12}\sin\theta}{Z_\Sigma}=I_Z\sin\theta$$

上两式中,I_Z 为输出绕组的最大电流值 ($I_Z=\dfrac{kE_D}{Z_\Sigma}$),由 I_Z 所产生的磁势记为 F_Z,那么余弦绕组 Z_1Z_2 的电流 I_{Z12} 所产生的磁势为 $F_{Z12}=F_Z\cos\theta$,其直轴分量为

$$F_{Z12d}=F_{Z12}\cos\theta=F_Z\cos^2\theta$$

其交轴分量为

$$F_{Z12q}=F_{Z12}\sin\theta=F_Z\sin\theta\cos\theta$$

正弦输出绕组 Z_3Z_4 输出的电流 I_{Z34} 所产生的磁势为 $F_{Z34}=F_Z\sin\theta$,其直轴分量为

$$F_{Z34d}=F_{Z34}\sin\theta=F_Z\sin^2\theta$$

其交轴分量为

$$F_{Z34q}=F_{Z34}\sin\theta=F_Z\sin\theta\cos\theta$$

由此可知,两个完全一样的正余弦输出绕组如果接的负载一样,那么两绕组产生的交轴方向的磁势大小相等方向相反,刚好抵消,没有交轴磁场;而在直轴方向上磁势为两绕组直轴分量磁势之和,即

$$F_d = F_{Z12d} + F_{Z34d} = F_Z \cos^2\theta + F_Z \sin^2\theta = F_Z$$

当 $Z_L = Z'_L$ 时，无论转子的转角 θ 怎么改变，转子绕组的交轴磁势始终为 0。而直轴磁势始终不变，故而输出绕组的输出电压可以保持与转角 θ 成正弦或余弦关系。

当 $Z_L = Z'_L$ 时，正余弦旋转变压器二次侧（转子）补偿时磁势相量图如图 2-15-5（b）所示。

上述的二次侧补偿是有条件的，即 $Z_L = Z'_L$。如有偏差，交轴方向的磁势不能完全抵消，输出还是有畸变，为此可采用一次侧补偿来消除交轴磁场。

② 一次侧补偿法。定子的励磁绕组仍接交流电源，而 D_3D_4 作为补偿绕组通过阻抗 Z 连接或直接短接，在绕组 D_3D_4 中产生感应电流，从而产生交轴方向磁势，补偿转子绕组的交轴磁势。

为了减小误差，使用时常常把一次侧、二次侧补偿同时使用，如图 2-15-6 所示。

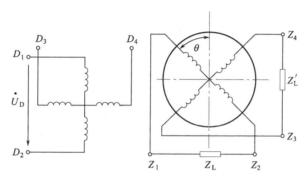

图 2-15-6 一次侧、二次侧补偿的正余弦旋转变压器

二、线性旋转变压器

线性旋转变压器输出电压与转子转角成正比关系。事实上正余弦旋转变压器在转子转角 θ 很小的时候近似有 $\sin\theta = \theta$，此时就可看作一台线性旋转变压器。在转角不超过 4.5°时，线性度在 0.1% 以内。若要扩大转子转角范围，可将正余弦旋转变压器的线路进行改接。如图 2-15-7 所示，定子绕组 D_1D_2 与转子绕组 Z_1Z_2 串联后接到交流电源 U_D 上，定子交轴绕组 D_3D_4 作为补偿绕组直接短接或通过阻抗连接，Z_3Z_4 接负载 Z_L，输出电压信号。

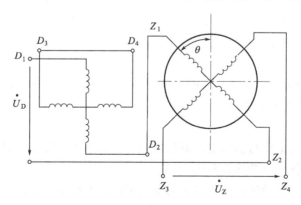

图 2-15-7 线性旋转变压器接线图

交轴绕组作补偿绕组而短接，可以认为交轴分量磁场 F_q 被完全抵消，故单相电流接入绕组后产生的脉振磁通 Φ_d 是一个直轴脉振磁通，它与励磁绕组、余弦绕组、正弦绕组交链

而产生的感应电动势分别为

$$E_{D12} = 4.44fN_D\Phi_d$$
$$E_{Z12} = 4.44fN_D\Phi_d\cos\theta$$
$$E_{Z34} = 4.44fN_D\Phi_d\sin\theta$$

这些电势都是由脉振磁通 Φ_d 所产生,故它们在时间上是同相位的。若不计定子、转子绕组的漏阻抗压降,根据电势平衡关系有

$$U_D = E_{D12} + E_{Z12} = 4.44fN_D\Phi_d(1+k\cos\theta)$$

整理得

$$\frac{U_D}{1+k\cos\theta} = 4.44fN_D\Phi_d$$

式中,k 为转子和定子绕组的有效匝数比 N_Z/N_D。

正弦绕组 Z_3Z_4 的输出电压为

$$U_Z \approx E_{Z34} = 4.44fN_Z\Phi_d\sin\theta = 4.44fN_D\Phi_d k\sin\theta$$

将上式代入得

$$U_Z = \frac{k\sin\theta}{1+k\cos\theta}U_D$$

当 $k = 0.52$ 时,$U_Z = f(\theta)$ 的曲线如图 2-15-8 所示。用数学推导可证明,当 $k = 0.52$ 时,在 $\theta = \pm60°$ 的范围内,输出电压 U_Z 和转角 θ 成线性关系,线性误差不超过 0.1%。

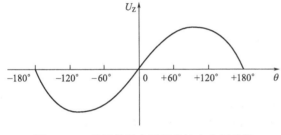

图 2-15-8 线性旋转变压器的输出电压曲线

三、旋转变压器的选用

1. 旋转变压器的主要技术数据

(1) 额定电压

额定电压指励磁绕组应加的电压,有 12V、16V、26V、36V、60V、90V、110V、115V、220V 等几种。

(2) 额定频率

额定功率指励磁电压的频率,有 50Hz 和 400Hz 两种。选择时应根据自己的需要,一般工频 50Hz 的使用起来比较方便,但性能会差一些,而 400Hz 的性能较好,但成本较高,故应选择性价比比较适中的产品。

(3) 变比

变比指在规定的励磁绕组上加上额定频率的额定电压时,与励磁绕组轴线一致的处于零位的非励磁绕组的开路输出电压与励磁电压的比值,有 0.15、0.56、0.65、0.78、1.0 和 2.0 等几种。

(4) 输出相位移

输出相位移指输出电压与输入电压的相位差。该值越小越好,一般约为 3°~12°电角度。

(5) 开路输入阻抗(空载输入阻抗)

输出绕组开路时,从励磁绕组看进去的等效阻抗为开路输入阻抗。标准开路输入阻抗有 200Ω、400Ω、600Ω、1000Ω、2000Ω、3000Ω、4000Ω、6000Ω 和 10000Ω 等几种。

2. 旋转变压器的误差

(1) 函数误差

函数误差是评价正余弦旋转变压器性能的主要指标，是指旋转变压器励磁绕组加上额定电压，补偿绕组短路时，在不同的转子转角下，两个输出绕组实际输出和理想输出的最大差值与理论输出最大值的百分比，其误差范围一般为 0.02%～0.1%。函数误差直接影响作为解算元件的解算精度。

（2）零位误差

零位误差也是评价正余弦旋转变压器性能的主要指标，它是指旋转变压器励磁绕组加上额定电压，补偿绕组短路时，两个输出绕组的实际电气零位与理论电气零位之差，误差范围一般为 $2'\sim 10'$。

（3）线性误差

线性误差是评价线性旋转变压器性能的主要指标，它是指旋转变压器在一定的转角范围（一般为 $\pm 60°$）内，在采用线性旋转变压器方式接线时，转子的实际转角与理想转角的最大差值。

（4）电气误差

电气误差是评价数据传输用旋转变压器性能的主要指标，是指转子的实际转角与对应的理论转角之差，以累积误差的形式表示。

3. 旋转变压器的使用原则

① 旋转变压器应尽可能在接近空载的状态下进行。负载阻抗应远大于旋转变压器的输出阻抗，两者的比值越大，输出电压的畸变就越小。

② 使用时首先要准确地调准零位，否则会增加误差，降低精度。

③ 励磁一方只用一相绕组时，另一相绕组应该短路或接一个与励磁电源内阻相等的阻抗。

④ 励磁一方两相绕组同时励磁时，即只能采用二次侧补偿方式时，两相输出绕组的负载阻抗应尽可能相等。

四、旋转变压器的应用

旋转变压器常在自动控制系统中用作解算元件，可进行矢量求解、坐标变换、加减乘除运算、微分积分运算，也可在角度传输系统中作自整角机使用。利用正余弦旋转变压器计算反正弦函数的接线如图 2-15-9 所示。

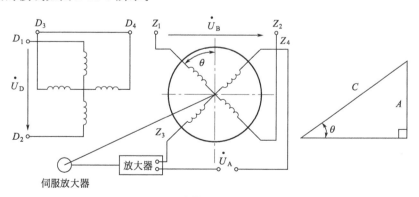

图 2-15-9 计算反正弦函数接线图

例如，已知三角形的斜边 C 和边 A 的大小，求 $\theta=\arcsin\dfrac{U_A}{U_C}$ 的值。首先将定子绕组短接作补偿绕组,然后将正比于斜边 C 的电压 U_C 施加到励磁绕组 D_1D_2 上,若转子绕组与定子绕组的变比 $k=1$,则有 $U_{Z34}=U_C\sin\theta$,再将正比于直角三角形边 A 的电压 U_k 串接正弦绕组 Z_3Z_4,然后接交流伺服电动机的控制绕组上,交流伺服电机拖动旋转变压器的转子偏转,改变转子转角,直到 $U_{Z34}-U_A=0$ 为止,此时 $U_{Z34}=U_A=U_C\sin\theta$,即 $\theta=\arcsin\dfrac{U_A}{U_C}$,转子转角 θ 就是所要计算的量。将电压 U_A 串入转子的余弦绕组 Z_1Z_2 中,那么可以求解反余弦函数的值。

参 考 文 献

[1] 潘品英编著. 电动机绕组布线接线彩色图集. 第2版. 北京：机械工业出版社，2010.
[2] 王照清主编. 维修电工. 北京：中国劳动社会保障工业出版社，2004.
[3] 唐义锋. 赵俊生主编. 维修电工与实训. 北京：化学工业出版社，2005.
[4] 杨国治主编. 电动机常见故障检修500例. 北京：人民邮电出版社，2002.
[5] 张曾常编著. 电机绕组接线速成. 北京：机械工业出版社，2003.
[6] 沈标正编著. 电机故障诊断技术. 北京：机械工业出版社，2001.
[7] 赵家礼等编著. 电机修理技师手册. 北京：机械工业出版社，2003.